内在觉察

吴在天◎著

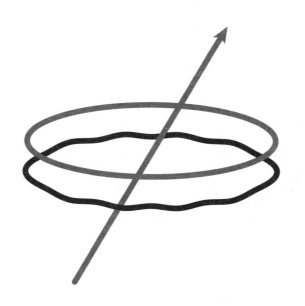

江苏凤凰文艺出版社
JIANGSU PHOENIX LITERATURE AND
ART PUBLISHING

图书在版编目（CIP）数据

内在觉察 / 吴在天著. -- 南京：江苏凤凰文艺出
版社，2021.12
ISBN 978-7-5594-6375-3

Ⅰ.①内… Ⅱ.①吴… Ⅲ.①心理学－通俗读物
Ⅳ.①B84-49

中国版本图书馆CIP数据核字(2021)第231452号

内在觉察

吴在天　著

责任编辑	周颖若	
特约编辑	柳文鹤	
出版发行	江苏凤凰文艺出版社	
	南京市中央路 165 号，邮编：210009	
网　址	http://www.jswenyi.com	
印　刷	北京盛通印刷股份有限公司	
开　本	880 毫米 ×1230 毫米　1/32	
印　张	7	
字　数	100 千字	
版　次	2021 年 12 月第 1 版	
印　次	2021 年 12 月第 1 次印刷	
书　号	ISBN 978-7-5594-6375-3	
定　价	49.80 元	

江苏凤凰文艺版图书凡印刷、装订错误，可向出版社调换，联系电话025-83280257

作者序

　　很多人好像永远都在忙，忙什么？忙着接下来要去哪里，要做什么。大家都忙着追逐，却忽视了我们本来拥有的东西和身边正在发生的事情，无法真正地享受当下。正因如此，我们经常会看到这样的场景：父母和孩子一起逛动物园，孩子还在观察动物，父母就催促孩子该去其他地方了。子女带父母旅游，两位老人刚到景点没多久就开始问接下来要去哪。心理学家约瑟夫·班克斯·莱因把这种现象称为"存在性不安"，指的是没有感受到完整的自我存在或者说没有真实、稳固的身份和自主性而引起的不安。这种不安会驱使我们去抓住某些东西。

有位来访者对我说，她希望自己上小学的孩子能成为一个优秀的人，必须狠抓孩子的学习成绩，这样在以后的人生中才能有竞争力。虽然她也知道孩子的心理健康和快乐成长同样很重要，但就是无法控制对孩子的学习成绩的过分在意。如果孩子的成绩好，那一切都好；如果孩子的成绩不好，她就会陷入不安的状态，担心孩子的成绩会继续下降、将来考不上一所好的学校、找不到一份工作、无法在社会上生存……

表面上，这位母亲的不安是出于担心孩子的未来，但她的孩子还在念小学，而这位母亲已经考虑到孩子将来的就业和生存问题。这种担心似乎在表达，如果孩子的成绩不好，那他的未来就没有了意义。再深入一些地看，如果孩子的未来没有意义，似乎她也找不到存在的意义了。

当我们不能确定自己的存在感时，就会拼命地抓取别人来证明自我的存在。最常见的情况是父母只在意孩子的学习和成绩，而不关注孩子的情绪和感受。在意孩子的情绪，是把孩子的感受放在首位，在这种环境下的孩子往往更能够尊重自己，构建出真自我；只在意孩子的成绩，是把成绩放在了首位，也是父母把自己的感受放在了首位，在这种环境下的孩子往往会由此产生存在性不安，进而构建出一种假自我。孩子会觉得自己的存在是为了满足父母的认可，之后会形成一种意识，只有别人的认可才能让自己的存在被确认；如果别人没有认可，自己就不存在了。所以我们停不下来，我们永远会问接下来要怎么样、要去哪里、要干什么。我们无法真正地享受当下，只是在要求自己不断努力，不断取得成绩，如果没有，就仿佛失去了自我。

很多父母，自身的自我都没有构建起来，没有真自我，没有个性和自主性，最后只能去寻找集体性标准。所谓的集体性标准就是大家都认可和追求的，我们看到别人怎么样，自己也要怎么样。我们看到别人家孩子怎么样时，也要求自己的孩子要怎么样，可你是否想过，你在要求孩子的时候，是真的为了孩子好，还是为了满足自己？

有位朋友对我说，她的邻居婆婆要送半岁多的孙子去学习爬行，原因是看到别人家的孩子都会爬了，自己开始着急了。看见别人把孩子送到早教中心进行专门的"训练"，这位婆婆整天念叨着是不是也要把自己的孙子送去。朋友对她说不用特意训练，孩子下次要拿什么东西的时候，家长不替他拿就好了，孩子很快就会爬会走了。当然，朋友的话没有起到什么作用，婆婆仍然为此焦虑不已。其实孩子能不能爬，这只是婆婆的表面焦虑，而根本的原因在于婆婆的存在性不安。别人家的孩子能爬，我家的孩子还不能爬，这是不是意味着我家的孩子不好？

就像我曾经接待过一位被父母逼婚的女生，她的父母指责她没结婚导致家里人在亲戚朋友面前抬不起头。对她父母来说，如果她还没有结婚，父母就没有了存在的意义。类似的实例还有很多，让人感觉好像家长病了，却抓着孩子喂药吃。

很多孩子因为没有父母的认可而做出伤害自己的事情，孩子的一切都被赋予了一种任务感，达不到父母的期望，就会怀疑自己。这些内在的冲突会通过不同的形式呈现，比如情绪会变得不稳定，身体也可能会出现一些问题。父母以这样的状态和孩子相处，不会意识到自己正在入侵孩子的边界，如果察觉到自己和孩子都有这种不安，那在以后的相处中，需要开始尊重孩子的边界。

因为存在性不安，很多人无法和别人建立深切的关系，只有改变这一点，才能让人好好地面对生活。接下来，本书将从"症状"入手，去认识关系带来的伤害如何在个人身上呈现，以及应该怎样避免伤害循环的发生。

拥抱你的不安，这是改变的第一步。

第一章

症状，
是对关系的渴望

第二章

关系，
揭开过去的伤疤

第三章

旋涡，
亲密关系的分化

第四章

觉察，
摆脱伤害的循环

第 一 章

症状，

是对关系的渴望

察言观色也许是带着症状获得的认可

你会不会为了适应别人而委屈自己？当你这么做的时候，是不是也很讨厌这样的自己？

有位朋友对我说了她的一个困惑，她觉得自己有些搞不清楚孩子现在的状态，孩子有时候会很主动地和别人打招呼，有时候却不会。她不知道是不是自己做得不够好，没有让孩子待人更有礼貌，担心孩子以后会在人际交往中吃亏，还有些怀疑自己是不是小题大做了。总之，这件事让她感到非常焦虑。

我问了一下孩子在学校的情况，和同学相处得怎么样。当我这样问她的时候，她突然意识到，她担心的其实是自己的需要，而不是孩子的需要。她的孩子在学校和同学其实相处得很好，即使偶尔没有和别人主动打招呼，也不会妨碍人际关系的发展。

有了这个意识之后，朋友发现这种焦虑其实完全是因为自己，她一直都是过度适应和考虑别人的人。在路上远远看到一个认识的人，她就会纠结要不要和对方打招呼，然后一直盯着对方，对方要是看到她或者和她打招呼，她会赶紧向对方问好；如果没有，她也不会主动打招呼，而是赶紧走开。这是为什么呢？

事实上，我的这位朋友和很多人一样，在和别人打招呼这件事上会感到纠结。她担心别人会因为她没打招呼而觉得她不礼貌，不礼貌就意味着得不到别人的认可，也意味着自己开始成为被讨厌的人。出于这种考虑，她在看到自己的孩子没有主动和别人打招呼的时候，才会有一开始的焦虑。为什么很多人会有这样的感觉呢？就像我的这位朋友，她对这种事情会产生担心和焦虑，担心如果不这么做就不会被别人喜欢，而这种担心实际上来自最初的依恋关系中的不安全感。

　　孩子在很小的时候就会开始观察大人的语言和表情，根据这个做出自己的反应。如果成长环境没有那么好，孩子就会特别注意揣摩和捕捉大人的变化，以此来适应大人的需要。这不是一个正常的状态，在这种状态下长大的孩子，通常会变得很敏感，时刻注意着别人的一举一动。他们可能会对父母有一种讨好的心态，用委屈自己的方式适应别人，慢慢长出一个外壳来保护自己，这就是所谓的"假性自体"。

　　假性自体的形成是由于早期母婴关系的镜映失败。英国心理学家唐纳德·温尼科特认为，如果母亲或其他照顾者能够给予孩子恰到好处的回应，那么孩子会感到自己的存在是有价值的。孩子需要父母的回应，如果父母没有回应或是不断要求孩子调整来适应自己，那孩子就很可能形成假性自体，和别人相处时仿佛是戴着面具一样。这是因为孩子呈现真实的自我不会得到回应，甚至有被抛弃的危险。

　　在成长过程中，孩子面对的如果是不会做出回应的父母，那么，他就只有适应父母。无论父母有什么样的要求，孩子都会因为存在被抛弃的恐惧而顺从，他们会不断思考怎样做才能确保自己的安全。所以，我们会在生活中见到有些孩子在弄明白成年人的意思之前，他是不愿意说出自己想法的。

这样的孩子从小没有和父母建立起信任的关系，长大之后，在面对其他关系的时候，他们会被已经形成的认知所影响。对他们来说，周围的环境都是不够安全的，他们会用原来的行为模式去适应别人，甚至是迎合别人，以此保护自己。

我的一个咨询者对我说，他在和别人打交道的时候，虽然偶尔会听到别人夸他情商高，但他时刻都能感觉自己在注意其他人的一举一动，因而背上了一个沉重的情绪包袱。在和朋友聊天的时候气氛不对，他马上就能感觉到；他在与朋友相处的时候都是最能活跃气氛的那个人，因为他受不了冷场的尴尬。和别人有冲突或是分歧的时候，他每次都会主动退让，哪怕没有错，也会主动道歉。

察言观色是带着"症状"获得的认可，但压抑的情绪总会在关系中表现出来。孩子在父母身边学会了如何取悦父母，也学会了去做别人期望和要求他做的事情，他会因此感到愤怒，但愤怒是他的第二情绪，第一情绪则是恐惧。因为害怕被抛弃，他会压抑自己的愤怒，但在某些时候，也会通过搞砸一些事情来表达自己的情绪。

这种习惯性适应他人的行为模式，不仅让这类人在人际关系中觉得辛苦，也让亲密关系失去了活力。因为对自己有被抛弃的不安全感，所以他们在亲密关系里面会压抑自己的情绪，哪怕对伴侣有一些不满和责怪，也不会说出口。他们害怕暴露自己的攻击性，所以会在意识层面告诉自己不能表露情绪，如果表露出来关系就会破裂。为了不失去亲密关系，他们会把情绪埋在心里，但这种情绪往往容易变成对自己的攻击。长期的自我攻击又会让他们越发没有自信，因为没有自信，就更害怕对方离开自己。这种情况变成了恶性循环，原有的魅力，甚至生命的活力都在逐渐消失，同时内心的矛盾感也会加剧。如果伴侣不喜欢自己，他们会觉得很痛苦，因为他们在亲密关系里付出那么多，甚至委屈了自己；如果伴侣接受自己，他们又会觉得这是讨好对方的结果。

艾瑞克·弗洛姆认为，通过努力换回的爱，往往使人生疑。这种爱往往会让我们痛苦地感到自己之所以被爱是因为自己让对方快乐，而不是出于对方的意愿。归根结底，我是不被人爱的，而是被人需要而已。这就是为什么很多亲密关系会逐渐变成一潭死水，尽管关系还在，却感觉不到亲密。在关系中无法表现真实的自己，当然感受不到真正的亲密。

自己受了委屈，为什么还要给别人道歉

心理学家莱因认为，存在就是被感知。一个人的存在感，来自他的感受被另一个人知道。相对应的，一个人感觉不到自己的存在感，就是他的感受没有被确认。

我的一位咨询者，她对我说自己是个经常对别人道歉的人，道歉已经成为她的习惯性模式。无论遇到什么事情，无论她是否做错，只要看到别人生气，她就会忍不住向对方道歉。她清楚自己的内心并不是真的要道歉，只是为了尽快让事情过去，让冲突和情绪尽快平息。

她说自己从小时候起，只要不是原则性问题，就顺着别人的心情，不要因为一点小事争个输赢，认为这样会减少麻烦。但越是这样，她越觉得自己变成了一个很没有原则的人，和朋友产生矛盾就道歉，同事或领导不高兴也道歉，她认为自己很窝囊，明明自己没有错，还是会和人道歉。虽然这么做的时候，她的确可以不用面对更多的情绪，却不得不感受内心更强烈的冲突，总是感觉自己很委屈，愤懑和不满越来越多。

所有的委屈只能自己消化，可需要消化的不只是委屈，还有委屈背后的羞耻感。这种羞耻感就是自己的感觉不重要，自己的存在也不重要，这会让我们自我贬低和自我攻击。内化的羞耻感会让人觉得自我是有缺陷的，甚至会没有经历外部的任何事件，仅仅因为自身的存在而感到羞耻。就像这位总是道歉的女生，她慢慢感到自己的存在好像就是错误和羞耻的。

一个人最初的存在感来自他的感受被父母感知。反之，父母对孩子的忽视和否认，这会让孩子觉得自己的存在本身就是一个错误。

人的羞耻感是渴望得到爱，又害怕得不到爱。我们渴望可以掌控自己的人生，但是当我们保护不了自己的时候，就会感受到深深的无助感，这种无助感也会引发强烈的羞耻感。很多从小被父母责骂的孩子，会把事情归咎于自己，觉得自己如果再听话一点，表现得更好一点，就不会遭到责骂了。同时，他们也会觉得无法保护自己，认为自己很窝囊。

在面对父母的忽视或者责骂的时候，孩子很容易怪罪自己，觉得父母之所以这样对待自己是因为自己做得不好，不值得被爱。他们不能保护好自己，甚至也不敢奢望父母的保护和安慰。最难过的是，他们不得不面对这个真相。

当孩子感到羞耻之后，可能会形成一种防御机制来保护自己不再受到更多的伤害。比如，即使是自己受了委屈，也会和别人道歉。这样做是因为害怕连现在的关系也失去了，没有关系就无法证明自己的存在。羞耻真正让人害怕的地方是它会暴露一个人脆弱无助的样子。人对爱的渴求，竟然变成生命中的羞耻。

心理咨询的价值在于来访者的感受被看到。在咨询的过程中，咨询师会给予咨询者足够的空间，说出自己的问题和情感创伤，这种空间是为了让咨询者摆脱内心的羞耻感。我的一位咨询者，他很讨厌迟到，但他来咨询的时候比约定时间晚了一会儿，于是觉得自己做了天大的错事一般，担心我会不高兴，对他有所责怪。我当时告诉他，无论迟到多久，我都会等他，何况咨询的费用已经付过了。我的回应降低了迟到的严重性，玩笑话让他可以放松一些。这样的回应给他传递了接纳的信息，同时也将他的注意力放到为自己的行为负责上，而不再局限在迟到上，从而减轻了他因为迟到而产生的内疚和羞耻。

心理学家曾奇峰说："我们所有人都是带着自己的毛

病和附加的羞耻感而活着的。"羞耻感是我们藏得最深的感受，我们甚至会为自己怀有羞耻感而感到羞耻。不承认痛苦的存在，就没办法摆脱痛苦。防御机制曾在我们最难受的时候保护了我们，同时也让我们习惯了不去正视过往的创伤。

没有得到爱和接纳会形成情感创伤，我们不敢面对创伤，可这又会形成羞耻感。只有当你看见过去和现在的行为模式之间的联系之后，才会对自己有更深的理解。你的行为模式和所做的事情不过是想让过去那个受伤的孩子更好地活下去，那是出于对自己的保护。当你这样看待自己的时候，内心的自我攻击会减少，同时意味着你的自我保护的能力正在逐渐提高。

你是否背负了太多的善解人意

有这样一种人，他们非常善于观察和捕捉别人情绪的变化，这样的人是敏感的，总是善解人意，也很懂得照顾别人，可他们的内心世界是怎样的呢？

"我很容易察觉别人情绪的变化，也很容易受别人情绪的影响。"

"只要感到朋友对我的态度或语气有变化，我的心情也会跟着发生变化。"

"和朋友发信息的时候，如果朋友的某句话没有带表情，我就会觉得她是不是不想和我说话了，我该说些什么，我要不要提前结束话题，免得让别人不舒服。"

"有时候觉得和人打交道太麻烦了，考虑别人就会忽视自己，只考虑自己又没法很好地和人相处，觉得很累。"

……

你是否也有过类似的想法？是不是也容易受到别人情绪的影响？

懂得照顾别人的感受是需要一个度的，如果过度考虑对方，你会不自觉地认为自己应该照顾别人，甚至要为对方的情绪负责。影视剧中经常有这种桥段，生活中我们也会见到，有些安慰别人的人，在安慰的过程中会变得比当事人更难过，哭得比对方还伤心，最后要别人反过来安慰自己。为什么会出现这样的状况呢？

我想起一个咨询实例，听起来有些难以置信。一位二十岁出头的男生，他不敢一个人过马路。每次一个人过马路的时候，他都会非常害怕和紧张，即使有红绿灯的指示，他也不敢，必须等到有别人和他一起的时候，他才敢过马路。这个男生并没有出过车祸或发生过交通意外，但是他就是会担心被来往的车辆撞到。他说自己小时候每次过马路的时候，奶奶都会紧张地牢牢抓住他的手，并且叮嘱他过马路的时候一定加倍小心。即使出于这个原因，也不应该让这个男生对过马路有如此的焦虑和恐惧。这是为什么呢？

作为一个社会功能正常的成年人，这实在有些让人不敢相信。深入了解之后才知道，这个男生的父母都在外地打工，从小是由奶奶带大的，奶奶经常对他说"以后赚钱了要好好孝顺父母，我的年纪大了，没有那么多的时间了"这样的话。这样看来，他对过马路的恐惧来自他和奶奶的关系，他在替奶奶害怕，并且他的害怕很可能是在替奶奶承受面对死亡的焦虑。

这个男生的奶奶年纪大了，对死亡的恐惧和焦虑通过方方面面传给了他，受这种影响，他渐渐形成一种意识，觉得自己应该为一切负责。这种觉得要为一切负责的意识其实属于自恋①的范畴，而这个男生身上自恋的形成源自心理的未分化。孩子不能在心理上分离，就会觉得别人内心的情绪也是自己内心的情绪。

很多时候，当孩子的情绪失控，父母会强行要求孩子稳定下来。要么通过讲道理的方式回避孩子的情绪，要么

① 自体心理学创始人科胡特曾将"自恋"解释为一种借着胜任的经验而产生的自我价值感。

通过打骂的行为压制或否定孩子的情绪，总之就是不允许孩子真实情绪的存在。更糟糕的是，很多父母会把自己的情绪发泄在孩子身上，有时会反过来要求孩子来稳定自己的情绪，比如对孩子诉苦或抱怨。孩子看到父母这个样子，往往会承受来自父母的情绪，慢慢地，孩子就成了父母的情绪垃圾桶。一个人背负了本不属于自己的情绪，时间久了，慢慢就变成自己的了，情绪的边界也开始变得不稳定。

回到之前的话题，为什么安慰别人的人会比对方更伤心呢？怕别人哭，很可能是害怕自己不能安慰别人；怕别人的情绪，很可能是害怕自己无法安抚对方的情绪，因为这些都会让自恋受挫。把别人的情绪当成自己的情绪，把别人的感受当成自己的感受。照顾别人，其实是为了让自己好过一些。所以，我们对别人的情绪没信心，就像孩子对父母的情绪没信心一样。父母不能处理好自己的问题，还要和孩子抱怨诉苦，这让孩子很辛苦。在这种情况下长大的孩子，善解人意却失去了界限，背负太多而失去自我。

不想再背负善解人意的包袱，就要明确自己的情绪究竟来自哪里，是感同身受，还是为了保护自己的自恋不受挫。每个人都是独立的个体，都有自己的情绪，可以共情，但无须承担别人的情绪，承担就是越界。情绪的边界不清，就容易导致行为的边界不清。孩子没办法代替父母去解决情绪的苦恼，孩子也没办法代替老人去面对死亡的焦虑，你也没办法代替他人的痛苦。那些不属于你的情绪，即使背负，也帮不了对方。如果你对此感到痛苦，请告诉自己，你并不需要为别人的情绪负责，你已经做到了自己应该做的事情。

为什么你会特别在意别人的看法

你有没有想过，为什么别人的评价可以影响自己的心情，甚至是选择？为什么对自己来说，那些评价竟然可以那么重要呢？

有位读者朋友对我说，她很容易受到别人评价的影响。

春节期间，她带孩子去了靠海的城市旅游。在北方长大的孩子，第一次来到南方的海边城市过冬，开心地在度假村里光着膀子跑来跑去。老板娘看到后觉得她对孩子真是宠爱，孩子想光着膀子到处跑也同意。

她本来不觉得小孩子光膀子有什么问题，但听到老板娘的话之后，她觉得不应该再让孩子这样了。于是，她告诉孩子，以后在这里玩的时候要穿好衣服，回家之后可以光膀子。孩子不理解，也不愿意改变，但她开始逼孩子穿好衣服再玩。之后，她和孩子的心情都跌到了谷底，假期也变得不再愉快。

这位读者说她心里当时非常难受，如果孩子可以听话就好了，但她也在反思，为什么她会这么在意别人的话，然后去强迫孩子。

对别人的评价太过在意，像是别人的评价在一定程度上定义了你是谁一样。比如这位读者，因为别人的一句话，似乎把她定义为一个太宠爱孩子的妈妈。她觉得这个定义是不好的，而她的自我又不够强大，她才会作出强迫孩子的反应，像是在给对方一个交代一样。这种交代的感觉是希望对方能够修改对她的评价，从而改变她对自我的定义，好像只有这样，她在别人的眼里才是个好妈妈。

太在意别人的评价，是因为我们的自我太脆弱了。在个人成长过程中，核心自我的形成是人格成熟的里程碑。核心自我在形成之前，我们就像是环境的响应物。如果你对别人的评价非常在意，你会极力调整自己以争取做到别人眼中的最好，但你的核心自我一旦形成，即使环境的变化会激发你的反应，也难以动摇你的根基，并且你还有了从环境当中抽离出来观察自己的能力与智慧。

自体心理学的创始人海因茨·科胡特说："在情绪的惊涛骇浪中，有一个核心自我稳稳地站在那里。它会摇晃，那是一种呼应，但只是摇晃，根基不会动摇。"这种核心自我来自孩子对父母人格的内化。科胡特认为，核心自我的形成取决于关系的质量，而一个功能良好的心理结构来自父母的人格。

如果母婴关系足够好，妈妈和孩子没有长时间的分离，并且和孩子之间有着良好的回应，能承接孩子的情绪，也有情绪的界限，孩子在很小的时候就可以形成一个有弹性的独立自我的雏形。

良好的母婴关系有两个特点，一个是带有共情的回应，另一个是可以充当情绪过滤的容器。如果是这样温暖并有良性互动的稳定关系，孩子可以感觉自己的心灵在迅速成长，在之后的人生中也不会轻易被外在环境中的苛刻评价所左右，这也意味着他有稳定的自我。可是，在很多人的成长过程中，不仅感受不到共情和接纳，反而都是忽视和否定，尤其是来自父母的。

不被父母看见，对一个孩子来说有很大的负面影响。为什么有的人特别在乎别人的评价？因为被评价，至少意味着被看见。我们都渴望被看见，那意味着自我存在的价值。在意别人的评价，也是因为在意和别人的关系，害怕失去这段关系。就像孩子在小时候害怕父母的忽视一样，之所以害怕是因为孩子只有和父母的关系，父母的忽视会让孩子觉得失去了唯一的一段关系。

评价就像是一种限定，别人对你的评价，把你限定在一个角色里，你在意别人的评价等于把自己限定在这个关系里。就像小时候，你的世界里只有父母。你对他人的评价如此在意，很有可能是你对他人的评价赋予了父母般的意义。有时候，你也会忍不住评价自己，这种内在评判的产生来自与父母共处的渴望，来自对关系的渴望。

只有在你不了解自己的时候，别人对你的看法才变得重要。在意别人的评价，是因为它证明了自我的存在感会被人注意到，而自我存在感才是我们真正想要的。就好像登上山顶之所以重要，是因为那是我们攀登的证明，而攀登本身的过程才是我们真正享受的。

我们在意别人的评价，在意每段关系，是因为我们害怕失去了这段关系，自我的价值好像也不存在了，但我们越是限定自己，越是难以建立更好的关系。我们需要被看见，但应该是带着理解和接纳的眼睛。要求和评价就像绳索一样，会捆住我们的心灵。

有位做自媒体的朋友对我说，总是有人在她的评论区留言攻击她，她开始还会很在意每个人的想法，尽量满足别人提出的需求，但在这个过程中，她渐渐丢失了自己。意识到这一点之后，她不再限定自己，再遇到留言攻击她的人，她会选择以相同的方式回应或是拉黑对方。关注她的人并没有减少，反而因为她的真实和犀利，吸引了更多的人关注。

《最愚蠢的一代》的作者马克·鲍尔莱因说："一个人成熟的标志之一就是明白每天发生在自己身上99%的事情对于别人而言根本毫无意义。"

原来的你需要别人告诉你，你有多好，只是你忘记了，你已经长大了，你不需要任何人评论你是好是坏，也不需要任何人评价你的应该或是不应该。不用特别在意那些评价，你也可以活出自己的意义，你的存在本身就很有价值。

记住三个字——"管它呢"，这是让人生变得简单而美好的三个字。

被绑架的愧疚

我的一名学员曾经在课上说，无论做什么事情，她都会忍不住考虑自己会不会伤害别人，总是容易对别人产生愧疚感。身边的人经常夸她的好，但她觉得自己其实不是一个善良的人，比如当她看到一个讨厌的同事被领导骂，她会暗自高兴，但在事情发生之前，她又觉得应该尽力帮助别人，虽然内心并不想帮助对方。尤其是遇到对自己有利的事情，她就会觉得自己伤害了别人，如果做了一件自己不想做的事情，反而不会有这些感觉。她为此感到困扰不已。

她记得大学毕业时，她和同学一起去一家公司面试。结束后，面试官让她们回去等通知，离开时，她们还在说这次面试应该没戏了。两人分开后，她在回家的路上收到了公司的录用通知，然后发短信问那位一起面试的同学是否收到了录用通知，同学说没有。她安慰了对方几句就不知道该说什么了，她心里感觉很愧疚，甚至纠结自己还要不要去这家公司入职。

生活中，我们经常见到这样的"好人"，他们总觉得自己对不起别人，总认为自己给别人造成了伤害并且感到非常内疚。为什么会这样呢？

首先，愧疚感可以让我们感觉到关系的联结。比如，当我们因为某些事情对别人感到愧疚时，它对我们的行为会起到一定的导向作用，我们会通过一些弥补的行为来缓解自己的愧疚。这种感觉会让人觉得关系还存在，至少还可以弥补，这是正常的内疚感。有时候，我们没有伤害别人，也没有做错事情，却有着强烈的内疚感，觉得有愧于对方。这种愧疚感能够为自己带来一些不被意识到的好处，比如价值感或是影响力。当我们处于愧疚时，我们会自责，但同时会感到自己是有影响力的。当我们成为一个影响者的时候，就不会像受害者一样只能默默承受那些不好的遭遇。为什么有的人会成为这样的影响者呢？

因为他们隐藏着深深的羞耻感。我接触过这样一个实例，一位单亲妈妈，既要独自抚养孩子，又要拼命工作赚钱，她在大城市里只有一个朋友，是她的发小。她的发小经常会找她，但都是失恋或者缺钱的时候，而在她遇到困难需要帮忙的时候，她的发小却玩起了失踪，这让她很受伤。

根据她自己介绍，她的这个发小一直在和她比较，比较的内容是惨。因为这个原因，她几乎没拒绝过发小提出的要求，即便拒绝，她也会感到很愧疚，之后会加倍补偿对方。这样的情况让她感到很痛苦。

一般情况下，我们对这样的朋友会敬而远之，但她做不到。其实生活中不止她一个人这样，很多人都会像她一样，如果朋友过得不好，就会很容易感到愧疚，觉得自己好过对方是伤害了对方。出于这种愧疚感，之后不断地付出和弥补，用尽方式希望朋友过好一点，也希望自己的内心好受一点。

这样的"好人"内心有一个声音——"如果我可以让对方更高兴一点，他就会对我一样好"。所以，他们会吸引一些朋友来到身边，对自己进行情感勒索。因为他们从小内心就有这样的声音——"如果我可以让对方更高兴一点，他就会对我好，就会爱我"。

因为你觉得自己是微不足道的，所以你的痛苦永远比不上别人的难受。这是生命早期所产生的羞耻感，很容易导致严重的自我憎恨。自我憎恨最常见的表现就是苛求完美，因为自己做得不够好，所以会觉得对不起别人，甚至是伤害别人。通过愧疚和自责，找回一些掌控感和力量感。无论做什么事情都要考虑是否会伤害别人，其实是担心别人对自己没有回应的低自尊和羞耻感。因此，你会构建一个理想的自我形象并以此对抗羞耻感，这仿佛就是对自己说："我很好，我能影响别人。"

因为在想象的层面觉得自己对别人很有影响力，对别人造成了很大的伤害，自己是伤害的那一方。有能力伤害对方，意味着自己对事情的发展是有掌控力的，所以也要承担全部的责任，包括对方的部分。所以，他们即使过得不好也会尽力帮助别人，他们给自己树立了一个好人的形象，心里却流着血在说："你看我已经对你这么好了，你是不是也可以像我一样？"

这就是那些从小懂事、听话、善解人意的孩子构建出的理想的自我形象。他们觉得只有照顾别人的感受，别人才有可能同样对自己，长大之后，他们总是尽全力地满足别人，然后再满足自己，或者说自己才能够得到满足。

总是容易对他人愧疚，是希望自己能够得到爱的回应。

经常说"但是"，是在回避内心的冲突

当你无法作出选择或判断的时候，你会怎么办？

很多人在遇到这种情况时都会用抛硬币的方式来替自己决定，如果抛了一次想再抛一次的话就知道答案了。只不过，有的人抛完硬币之后仍然纠结。他们把问题的答案交给硬币，而不是自己，内心的冲突在这个时候仍然是存在的。

你是否遇到过这样的情况，朋友因为一件事情询问你的意见，可无论你说了什么，他都会说"但是"，然后说

如果采用了你的意见会出现什么问题。

我的一位朋友曾经在某一年春节的时候不打算回家，想要一个人旅游，订好机票之后又开始犹豫。和我聊天的时候，她为此问了我的意见。

我对她说："你想去吗？"

她说："当然想去啊，但是……"她说了很多理由，担心旅游时可能发生的意外状况，父母会不会怪她等。她的心里很矛盾，有各种顾虑，但也不断告诉自己已经是个成年人了，可以处理好这些事情。

我又问她："你说'当然想去'的时候，为什么要在后面加一个'但是'呢？"

仔细回想一下，你是不是也经常用这样的句式来表达，说完一段话之后加一个"但是"，再说另一段与之前相反的话。为什么会有这样的表现呢？

其实这是一种防御心理。这种防御机制叫"有保留地同意"，用部分同意来避免可能与别人意见不一而产生的冲突。比如我们经常会听到有人这么说：

"我同意你的说法，但是……"

"你说的对，但是……"

"是的，但是……"

如果你细心观察的话，很多人已经把这些句式用成了习惯。这样的句式表达的接受是不完全的，重点在"但是"后面的话。"但是"表达的转折的语气本身并不具有感情色彩，只是在长期的使用中有了防御的意味。

在人际交往中有这样一种说法，沟通的时候需要先同意对方再说出自己的观点，这样就不会让对方难受。而这样做的时候，恰好也防御了自己内心的冲突。我们害怕对方难受的背后是害怕面对可能发生的冲突，我们需要对此稍微躲避一下。

如果对方和你说"是的，但是……"，其实对方并不同意你的看法，只是有保留地同意，为了避免意见分歧有可能带来的冲突。这样做当然对避免冲突有一定效果，但如果我们深入觉察自身就会明白，"但是"是为了防御自己内心的冲突。害怕内心的冲突经常会在我们的人际关系中表现出来，也会用过多的言语来解释，以求掩饰内在冲突的情绪。

我参加过一次同行之间的聚会，当时有位姐姐帮我们拍照，拍完之后把照片传给了我。照片有点逆光，我倒没觉得什么，但她说："拍得很不好，座位角度没选好。"我安慰她："没关系，重要的是记录下这些开心的时刻。"

之后，她又给我发了一条消息，说"座位角度不好"之后感觉像是在解释什么，害怕因为自己没有拍好照片受到责备，内心因为这件事有了冲突，为了缓解就先解释一番。她由此意识到，原来她经常在说正事之前说很多废话的原因就是自己内心的冲突。觉察到这一点之后，她觉得自己以后说话可以简单很多。

我们太过在意他人的想法时，当然容易忽略自己的感受。就像帮我们拍照的姐姐，我当时给她的反馈让她觉得在现实层面上已经没有了冲突，她可以把重心收回自己的身上，然后有了自己的觉察。

在心理咨询的过程中，我常常会遇到这种情况，来访者会把内在的沖突投射到咨询关系里面。比如，来访者希望咨询师可以帮他在让他困扰的事情上作出判断或选择。这往往是一种移情，有可能是来访者在早年和父母的关系中没有选择的权利，只能由父母作出决定，或是父母因为他的事情争吵，最后是胜出的一方拥有话语权。无论哪一种情况，他的内心都会因此充满了冲突。

有位来访者曾经对我说，内心冲突得厉害的时候，他有一种死掉算了的感觉，既想这样又想那样，结果哪样都没做，停在了哪里，越是这种状态越让人感到痛苦。我们之所以害怕冲突，除了痛苦的感受，也是因为我们把冲突赋予了灾难化的意味。同样，我们内心也会经历这样的过程，我们原来只要听从别人的意见就不会有冲突，而现在对自己有了更多的觉察，开始有另一个声音出现，甚至是多个声音。就像文章开头的那位朋友，她一方面害怕独自旅游，另一方面不断告诉自己，作为一个成年人，可以一个人应对挑战。

我们害怕内心的冲突会带来灾难，而出现的声音可能是你内心空间扩大的体现。因为内在空间的扩大，所以才有了冲突。有冲突并不意味着都是坏事，某种程度上来说，冲突也许意味着你的内在不再匮乏，你不想再依赖他人，不想什么事情都听从他人，你正在扩大你的内在空间。

当我们内心产生冲突的时候，我们不可避免地觉得很痛苦，但这也意味着我们的内在空间正在扩大，可以出现不同的声音。正是因为不同，所以才有冲突。或许以前，只有父母的声音，只有他人的声音，自己只是一个听从者。而现在，你开始有了自己的声音和想法，冲突不可避免，这些冲突也意味着你开始拥有独立思考的能力。

内在的冲突可能是害怕外在冲突的呈现，也可能是为了缓解外在冲突的影响。冲突既是痛苦，也可能是新生。只有当你愿意去面对这些冲突，承担这些责任的时候，你才能真正成为自己的主人。拥抱你的冲突，才能活出内在平静的自己。

你对获得有恐惧吗

当我们内在的价值感不够的时候，我们外在世界的关系和行为都会对内心世界产生呼应。如果我们的潜意识认为自己不配拥有，我们在现实层面就会选择回避。

我的一位读者说过自己的一次经历。她在把玩新买的手机时，不小心把手机摔在了地上，落地之前先砸到了自己孩子的手。孩子哭了起来，而她的第一反应是去看手机有没有摔坏。事后，她感到非常内疚，难道手机比自己的孩子还重要吗？她当然不会觉得孩子不如手机重要，但她捕捉到了自己的第一反应。

这件事让她想起了自己小时候因为不小心摔坏玻璃杯而被妈妈责骂的情形，她当时觉得很委屈，觉得在妈妈的眼里，自己没有那个玻璃杯重要。直到她遇到这件事情，忽然觉得自己变得和她的妈妈一样了。不止如此，她还发现自己在花钱上的问题，不管买什么都要纠结很久，而且觉得什么东西都贵。回想起来，小时候的她和妈妈一起逛超市，妈妈只会买打折或特价的商品，同时还会抱怨商品的价格。

这些情况说明在她的潜意识里，自己是不配得到这些东西的。潜意识里的这种信念会压抑人的欲望，甚至让人不敢追求幸福，即便获得之后也会恐慌。

我的另一位读者，她说自己的丈夫有很好的赚钱能力，但每次赚到一笔钱的时候就会迅速地花出去，虽然没有影响家庭，但她一直不明白这样做的原因。后来，她才慢慢地理解了丈夫的行为。

她的公婆都是舍不得花钱的人，曾经被人骗走十几万的存款，从那之后更加节俭了，这让丈夫从小就受到了影响。听丈夫说，小时候如果去卫生间忘记关灯，他都会被父母吼上半天。丈夫曾经对她说："父母辛苦攒了一辈子的钱，什么都没干就没有了，都不知道赚钱是为了什么。"她以前不理解，现在才明白丈夫花钱的心理动机，他从小就把节俭到不能再节俭当成正常的生活状态，赚到钱反而会让他感到不安，必须尽快花掉才能坦然地生活。

　　她的丈夫这种潜意识的信念让他无意识地回避金钱，但他真正回避的是获得之后带来的内疚感。他的父母节俭了一辈子，攒下的钱竟被骗走了，但他有很好的赚钱能力，总能让手上有一大笔钱。这意味着他可以提高生活质量，超越父母原来的节俭生活，同时也颠覆了自己以往的生活状态，这种颠覆会让内心产生失控感，而人天生就是害怕这种失控的，哪怕是朝着好的方向发展。

　　在这些冲突的影响下，他的内心既内疚又恐惧。他的赚钱能力在别人看来是令人羡慕的，但是在他的潜意识里却是痛苦的。他把赚来的钱挥霍一空，一方面是表达对过去生活的忠诚，巩固自己不配得、不敢得的信念，另一方面是对自己拥有获得感的惩罚，对自己获得之后产生焦虑的释放。

　　广东话里有句俗语——风吹鸡蛋壳，财散人安乐。这是赌徒输光钱财之后常会说的话，像是对自己的安慰，也像是自嘲。如果放到上文中的男人身上，"财散人安乐"对他来说就是对自己不配得的一种催眠，也是对自己得到之后的一种惩罚。所以，我们看到一些人会让自己在获得的路上走得更吃力一些，让本应拥有的幸福和快乐打了一些折扣。

心理学者李雪说她的一位朋友很会做生意，但是有个问题，每次很顺利地谈成生意，待签合同的时候，这位朋友总是坐立不安，觉得哪里会出问题，然后就会犯一些错误，比如忘记重要的材料、错过会面时间、耽误航班等。之后，她再通过各种努力，付出一些代价，最后签约成功。类似的事情发生过很多次，结果变成她必须要特别辛苦才能成功。对她来说，辛苦并不是成功所必需的，是为了给自己一个安慰——我已经足够辛苦了，终于配得上成功了，过程多了曲折，我就可以踏实地享受获得的成功了。

这位朋友之所以这样是因为她的父母，她的父母有一句经常挂在嘴边的话："钱哪有那么容易挣到？"

一个人常说的话可以反映这个人的行为模式和心理状态，和人本身的性格和生活经历也相关，不仅可以呈现个体的特质，也会影响周围的人对他的感觉以及和他的互动方式。如果你见过在学校门口接孩子的家长就会发现，每个家长见到孩子都会有一句常说的话，比如"今天在学校过得开心吗""上课有没有好好听讲""有没有被老师批评"等。从父母见到孩子之后说的第一句话就能看得出父母对孩子的情感投注．他们在关心什么，又为了什么而焦虑。

对父母来说，为自己的孩子担心，甚至有些焦虑很正常，但身为父母　请不要把自己的焦虑传递给孩子。我们需要知道，传递内不仅有焦虑，还有暗示。

有位女生收到闺密发给她的美食照片，原来是闺密专门打包好要带过来看她，正在来的路上。她很开心，截图发到了朋友圈，并且附上"想嫁"两个字。在其他朋友的点赞和回复中，这个女生的妈妈也留了言，这句留言毁了她一整天的好心情。她的妈妈的留言是"女孩子要自重"。这样的事情不只发生这一次，这位女生每次在朋友圈发美食或是自拍的图片，她的妈妈都会留言说她乱花钱，以致她之后在朋友圈发东西都要犹豫一下，最后只好选择把父母屏蔽。

类似这样的事情并不少见，父母好像就是无法感受孩

子的开心，好像也不愿意感受孩子的开心，最"经典"的
场景莫过于，考了满分的孩子兴高采烈地跑到父母面前，
结果父母回了一句"不要太骄傲"。虽然这句话的道理没
错，但孩子的感受是自己不应该太开心，长此以往，孩子
会慢慢形成一种人格模式，用曾奇峰老师的话说就是"爽
透不能型人格"。

　　身为父母的人因为种种原因长期活在不能爽透之中，
如果孩子轻轻松松就得到了，仿佛是对自己的背叛。所以，
孩子的内心会因为父母而产生冲突，在无意识的情况下把
事情搞砸，不让自己得到或者让得到的过程变得很辛苦、
很艰难。

　　人生是美好的，你值得拥有想要的一切。

明明想了很多，偏偏就是不做

　　我曾经接待过一个很年轻的咨询者，他说自己因为

"拖延症"失去了很多，很多事情明明可以做好，但就是因为拖延而把事情搞砸了，他觉得自己很糟糕。父母和老师都曾经开导过他，说他很聪明，不要浪费自己的天分，但他就是忍不住拖延。尽管他也想过很多办法，却始终没有什么效果。

告诉自己不要拖延是意识层面的认知，忍不住拖延则是潜意识深处的需要。我很理解他说的问题，生活中也不止他一个人会因此感到痛苦。面对这种情况，我们该怎么办呢？

在这里，我先说个"现代催眠之父"米尔顿·艾瑞克森的催眠故事。有个年轻人认为自己是耶稣，身边的人当然不信，觉得这个人精神有问题。当艾瑞克森见到这个年轻人之后，并没有否认他，而是接受他自认耶稣的身份，然后对他说："耶稣，你会做木匠的工作吗？"年轻人答道："当然了，所有人都知道耶稣出生在木匠家。"艾瑞克森邀请这个年轻人帮忙做木匠的工作，事情开始发生了变化。当这个年轻人开始和别人一起工作之后，渐渐不再认为自己是耶稣了。在工作的环境里，他从"我是耶稣"的自我催眠中脱离了出来，变得和正常人一样。

　　一个人如果表现得很固执，身边的人不要一开始就提出反对的意见，那样做只会产生反作用力，想让对方发生真实的改变不是仅仅改变他的行为，而是要理解行为背后的原因。艾瑞克森认为，每个现象最初发生的时候，都是我们内心在保护自己的结果。我们需要发现现象背后的资源和力量，而不是仅仅试图消灭这个现象。当我们的生活卡在某个地方时，一定是发生了什么，就像文章开头提到的那个男生，他为自己的拖延感到痛苦，背后是否也有一些力量在影响他呢？

　　带着这份好奇，我开始了解他的成长过程。这个男生从小学习成绩很好，大概是上小学的时候，他已经觉得自己有了完美主义的倾向。比如，无论睡觉的时间多晚，他在睡前都会把书桌收拾干净，如果没有，他就会觉得不舒服，同时也担心被父亲责骂。他的父亲从小要求他做完作业后要把东西收拾干净，在这样的影响下，他慢慢养成了习惯，如果有什么东西掉在地上，他就很紧张，马上会捡起来，一秒钟都不能忍受。

有一天，他在房间里写作业，一支笔不小心掉在了地上。他当时紧张了一下，按照以往的习惯，他马上就会把笔捡起来，但因为只有他一个人在，那支笔也不是现在就用，马上捡起来和等会儿捡起来没什么不同，自己没必要像原来一样。当他有了这个想法之后，他忽然觉得很开心，对他来说仿佛是打开了一扇新的窗户，原来窗外的世界还可以是别的样子。从那之后，他发现自己可以开始忍受五分钟不去捡掉在地上的东西，再后来是五天。

他对我说，自己有时候会故意不去捡掉在地上的东西，并且暗自开心，不必为了这件事而手忙脚乱。在这之后，他在所有的事情上都是采用能拖延就拖延的态度。当他讲到这里的时候，我发现了一个很重要的地方——他在用拖延的方式来对抗自己的紧张和焦虑。

因为父母对他的要求比较严格，这形成了他的完美主义，时时刻刻处于紧张和焦虑的状态中，偶然间让他找到了一个对抗的方法——拖延。从某种程度上来说，慢慢来，或者说拖延，其实是他潜意识的需要。同时，他接受的教诲是要把事情马上做好，没有马上做就是不好的，这是他意识层面的认知。马上做，是他意识层面上对自己的认知；慢慢来，是他潜意识层面对自己的渴求。这让他的内在形成了冲突，这种冲突最后发展成为外在的拖延。

我们都习惯性将自己的一些问题视为敌人并试图消灭它，在这个过程中，我们不断给自己施加压力，没办法放松。之所以会有紧张感，是因为我们把所有的注意力都放在问题上，忽视了背后的资源和力量。世界著名催眠导师史蒂芬·吉利根曾经说："问题本身不是问题，是你和问题之间的关系让它成了问题。"当我们可以相信身体的感受时，紧张感也会慢慢消失，不需要再用拖延的方式来缓解紧张。

很多时候，我们如何理解行为背后的原因比马上消灭成为问题的行为更重要。我记得有一次参加孩子的夏令营活动，有位妈妈说自己的孩子在活动结束后不肯拍摄集体照，导致其他人一直在等他。这位妈妈觉得孩子太不懂事了，同时很担心孩子是不是不合群，是不是有心理问题。

我见到那个"不懂事"的孩子之后就知道，他是在用这样的行为来表达自己的感受。对他来说，夏令营过得很开心，孩子舍不得结束，集体照对他来说更像是分别的仪式，这激发了孩子的分离焦虑，他不知道该如何面对这样的分离，也不知道如何处理自己的情绪，所以才有了不肯拍照的行为。这也是我们常说的心理防御机制的表现，孩子其实是在通过"问题行为"来和父母沟通，表达自己的难受和困境。

孩子出现的"问题行为"，很可能无法准确反映他内心的困扰，如果成年人不理解，就会把这样的行为解释为不懂事、捣乱或者有问题。比如，一个几岁的孩子，因为妹妹的出生而感到失落和生气，觉得妹妹抢走了父母的关注，他对妹妹产生了敌意，不和妹妹分享玩具，有的时候还会欺负妹妹。他的行为很容易被大人误解，然后受到斥责。这就形成了一个恶性循环，孩子感到缺乏关注，担心失去父母的爱，用"不懂事"的方式寻求关注，但父母并不理解，开始斥责或惩罚孩子，孩子越发觉得失去了关注，重复之前的行为，甚至出现更多的问题行为。

如果父母可以理解孩子行为背后的原因，就可以用一种让孩子感觉被理解的方式给出回应，孩子就不会重复那些"不懂事"的行为，父母和孩子也可以建立一个良性的沟通环境。所以，当你面对孩子的问题行为不知道该怎么做时，先让自己放松下来，然后找到背后的原因，这样才能摆脱伤害的循环。

失眠的"真相"

失眠是一件很痛苦的事情，很多人都有过这样的体验。那么，人在失眠的时候都会想些什么呢？

我的一位来访者，一个人在大城市打拼，她说自己晚上睡觉的时候，虽然闭上了眼睛，人却很清醒。没有了白天的繁忙，她就会控制不住地想很多事情，主要是对自己的反思和审视，总觉得自己不上进，每天在浑浑噩噩中过日子，觉得自己没有前途。想到这些，更加无法入睡了。她对我说，自从工作之后，她的睡眠质量一直不好，有的时候会故意把自己折腾得很累才能睡着。她希望自己睡觉的时候闭上眼睛就能睡着，不然会想那些让自己痛苦的事情。

职场的竞争和现实的压力让她产生了不安全感，这种不安全感在她每晚入睡的时候出现了，需要她独自面对，这也带来了孤独。她说到了自己小时候的经历，父母上班都很忙，她只能被反锁在家里，不能出去和其他的小孩一起玩。她还记得当时玩过家家，她自己先当爸爸，再当妈妈，最后做回孩子。

当她睡不着的时候审视自己，这就像内在的父母开始挑剔内在的小孩。这种自我攻击很难受，但这个过程却有两个人对话的感觉，这种感觉在某种程度上可以让她觉得不再孤独，至少感觉上是有另一个人陪着自己。

为什么白天的时候，她不会想那么多，也不会有那么多的自我攻击呢？因为白天的时候，她的身边有各种各样的关系，这些关系让孤独隐藏了起来，而到了晚上，只剩下自己，孤独就会袭来。所以，很多人在失眠的时候想把自己熬到困得不行，希望一闭上眼睛就能睡着才好，对很多人来说，失眠的背后其实是无法面对的孤独。

有很多人也有过这样的感觉，半夜醒来之后就怎么也睡不着了，睁着眼睛，看着漆黑的夜，内心却无比的空洞。我们该如何理解这份空洞呢？

我的另一位来访者，她说自己的睡眠程度很浅，总是在半夜醒来，要么是做梦，要么是被很小的声音影响，但只要男朋友在她旁边的时候，她就可以睡得很踏实。除此之外，她也会熬夜，躺在床上玩手机，困得不行才会睡觉。发生在她身上的情况并不是个例，很多人和她一样，而这些表现其实是想和外界保持一定程度的联系，以此回避内心的孤独。

海因茨·科胡特在《精神分析治愈之道》里面讲了一

个故事。被称为"铁血宰相"的俾斯麦长期受到失眠的困扰，后来有一位医生治愈了他的失眠。医生使用的方法很奇特，他在俾斯麦睡觉的时候一言不发地坐在旁边，俾斯麦第二天醒过来之后，这位医生仍然安静地坐在旁边。反复几次之后，俾斯麦的失眠问题竟然解决了。这是为什么呢？

因为这位医生让俾斯麦重新相信，当他入睡时，稳定的客体仍然存在，无论他的睡眠状况怎么样，始终有一个人在那里。在这样的关系持续存在一段时间之后，俾斯麦的睡眠状况慢慢得到了调整。稳定存在的外在客体缓解了俾斯麦内在不安的焦虑，解决了这个问题，也就解决了他的失眠。

在当今社会，很多人在工作遇到困难或是感情遇到挫折时都有可能引发失眠，现实的情况会引发我们内在的焦虑。我们常常听到类似"回去好好睡一觉，明天又是新的一天"这样的安慰，好像在说，睡醒之后就可以重生了。我们可以这样理解，睡觉在某种程度上相当于一次死亡，死亡代表着失去，那失眠就是对抗不愿失去而引起的焦虑，我们最害怕的是失去内在可依赖的稳定客体。

失眠的背后也是对关系的渴望，个体的成长和发展，不可避免地要经历分离和失去，这也意味着要不断和过去告别。如果一个人在成长阶段有父母或其他重要客体的陪伴和支持，他就会形成一个稳定的自体客体。

所谓的自体客体，就是在你的意识世界里，除了你之外影响你的一切，包括人、物、事。以父母来举例，即使你不在父母的身边，你的脑海里也有父母的样子，脑海里父母的样子就是自体客体。

如果一个人在早年有和父母分离的经历，这可能会引起分离个体化发展的固着。固着指的是，如果一个人在某个阶段得到的满足太少或太多，都会让他的心理停滞在这个阶段，他会持续寻找这个阶段的满足方式。我们害怕失去，尤其是即将结束或分离的时候。睡眠意味着你将要结束这一天的生活，不愿意结束是因为在你的内心世界里，你的自体客体没有很好地建立，所以也不能很好地分化。

　　对于前文中提到的来访者，对她来说，失眠的背后是她难以面对的独自成长的痛苦。我们都欠自己一个拥抱，需要和过去有一个告别，告别过去等待被照顾的执念。卸掉那些防御，好好地面对自己，即使没有别人，你仍然可以好好爱自己。

　　当你觉得自己正在独自面对痛苦的时候，给自己一个机会，重新构建你的自体客体的关系，你会发现自己正在变得更强大。好好拥抱自己，某一天你会发现，你可以好好地睡个好觉了。

心里的伤，身体知道

　　没有人会愿意生病，但有时面对身体出现的某些症状，人们宁愿选择熟悉的痛苦，也不想改变自己的症状，因为有些症状有它隐藏的意义。说起来有些难以置信，但它是我们熟悉又不愿意失去的一种陪伴。

我的一个朋友，她的咽喉有时会出现异物感，每次和男朋友的关系出现问题，她的咽喉就会出问题，一直也没有治愈。比如，她给男朋友发消息，男朋友一直没有回复，在等待的过程中，她会变得焦躁不安，甚至会为此失眠，然后她的咽喉就有了不舒服的症状。如果仅仅把她的反应当成一个症状，那只会想着如何消除这种不适，药物可以做到，但同样的症状还会出现。

从事创伤治疗研究超过 25 年的施琪嘉教授曾经说过一个实例，有个学医的女生，她不太喜欢和人打交道，工作后恰恰被分到了临床科室，每天都要接触很多人，这个女生的皮肤开始出现类似湿疹的症状。后来，她转到了实验室工作，不再需要像原来一样和人打交道，皮肤的症状也消失了。

皮肤出现的症状不仅是在表达身体的状态，也是一个人的心理和关系的表达与反应。比如，有人在见到喜欢的人出现时，脸会不受控地红起来，脸红不仅是皮肤的反应，更是内心的体现，是想靠近又不敢靠近的复杂心情。

　　类似的表现在我们的身上都发生过，我们从小就会通过身体表达我们的想法和感受，尤其是在还无法用语言表达自己的时候。比如，一个小孩子会用挑食的行为让父母关注自己的身体，或者在地上打滚想让父母给自己买玩具，这些都是通过身体语言来表达内心的情感和想法。

　　问题出现的背后，常常会藏着一种积极的动力。每个现象在最初产生的时候，往往都是我们的内心试图保护自己的结果。那些一再出现的身体疾病往往是我们不敢面对和表达的冲突，通过身体呈现了出来。那么，前文提到朋友的咽喉会出现症状，又是因为什么呢？

　　有一次聊天的时候，她说起了和男朋友的相处模式，有些像小时候和爸爸的关系。她印象很深的一次是和爸爸捉迷藏，开始的时候很开心，但玩了一会儿之后，她就真的找不到爸爸了。当时的她不知道，原来爸爸是担心被她缠着没法上班，所以借着捉迷藏的游戏悄悄走掉了。小时候的她没法理解这种突然消失的情况，出于害怕和担心，她会更加缠着爸爸。随着自己慢慢长大，她开始明白了爸爸这样做的原因，但在情感层面上总有一种说不出的难过和苦恼。

她记得自己曾经问过妈妈，为什么爸爸总是这样突然消失，妈妈当时的回答是，爸爸工作是为了更好的生活，不工作就没有钱买好吃的、好玩的了。年幼的她听到妈妈的话，内心很复杂，除了有对爸爸陪伴的渴望，也有对自己影响爸爸工作的自责。其实，她很想告诉父母，她对不打招呼就突然离开的做法感到难受，但她说不出口。理智上，她不停地告诉自己不要影响爸爸的工作，但在情感上，她清楚地知道自己需要陪伴，她害怕世界上突然就剩下她自己的感觉。理智和情感之间的冲突、无法表达的情绪，慢慢在她的身体上表现出了症状，每次有情绪的时候，她的咽喉就会有异物感。

当我们的身体出现一些问题的时候，我们的注意力会从情感上的不愉快转移到身体的不舒服，间接缓解内心的痛苦，我的这个朋友的表现就是咽喉会出问题。这种感觉就像那些忽然离开的人并没有消失，而是通过咽喉产生异物感的存在来陪伴自己。这也是她的咽喉问题一直好不了的原因，在她的潜意识里不想失去这种熟悉的陪伴，哪怕是令自己不舒服。

我身边的一些朋友，还有接触过的一些咨询者，他们本身处在一种矛盾和挣扎的状态，想要改变的同时，对改变也存在焦虑。这是可以理解的，因为改变意味着要脱离过去的行为模式，虽然难受，但那是熟悉和安全的。就像我的那位朋友，咽喉产生异物感的时候，每次发出声音都会让她不舒服，而这种不舒服仿佛是对她的一种回应。如果她的这个症状完全消失了，就等于让这种回应也消失了。在她无法对父母说出自己的感受时，这个症状保护了当时的她，也一直伴随着她。

我们需要了解问题背后的成因，也需要看到潜意识里的需求。如果忽视了这个部分，身体就很可能变成解决理智与情感之间冲突的战场。

第 二 章

关系，

揭开过去的伤疤

每个成年人曾经都是一个孩子

越是亲密而安全的关系，越是容易呈现我们压抑的记忆。

和朋友们聊天时，有位朋友提到自己和丈夫的关系变得越来越糟糕。她知道自己有很多过分的地方，总是指责对方，忍不住去挑他的过错。但她和别人相处时，自己完全不是这个样子。

这位朋友是很温柔的人，对周围的人也很大方，在朋友中很有人缘，在刚结婚的时候也是非常幸福的，丈夫很爱她，而她也是众人眼中贤妻的典范。这段时间，她的丈夫升了职，两个人的关系反而变得糟糕了起来。她怀疑自己是不是因为老公升职，而自己在原地踏步才让两个人的关系变坏的。如果是这个原因，那为什么会这样呢？

当她说起自己的困扰时，另一位朋友希望气氛可以不那么沉重，打趣地说她有些"作"。她没有否认，她说这段时间也不知道为什么，感觉自己就像个孩子一样，听到丈夫夸奖自己，无论夸她什么，她都会很开心，一旦丈夫要忙工作，她就觉得自己被忽视了，开始觉得失落和难过。丈夫刚升职的时候，她也尽量配合丈夫的事业发展，尽可能地安排好家庭和生活，也能理解丈夫因为加班的晚归，但这段时间，她虽然觉得自己有些过分，但就是控制不住地指责丈夫，这也引发了两人的吵架升级。

对她来说，压力可能只是一个诱因，她并不是担心自己赶不上丈夫，而是丈夫升职激发出她害怕被抛弃的焦虑感。因为是朋友关系，我也不能对她做咨询，我开玩笑地对她说："有可能是儿童节快到了，你在父母那里得到的关注和欣赏不够，希望在先生那里得到，重新过一个儿童节。"虽然只是我的一句玩笑话，却击中了她的内心。

她从小生活在农村，还有一个哥哥和妹妹。那个时候的农村存在重男轻女的思想，在这样的环境里，哥哥自然是最受父母宠爱和关注的，有什么要求都能得到满足，虽然学习成绩不好，但父母还是借钱让哥哥读完了大学，尽管只是个大专。妹妹比她小了六岁，也很受父母的宠爱。唯独她，在家里总是被忽视的那一个，父母好像注意不到她的存在，更不用说她内心的渴求了。

她曾经试着对父母表达自己的渴求，但在父母眼里，她的需求并不重要，甚至是有些不合理的，她的努力和成绩好像也是微不足道的。哥哥的学习成绩不好，一点点进步都能得到父母的嘉奖，而成绩优秀的她却被视为理所应当，不止如此，她还有照顾妹妹的责任。从小，她就为此觉得很委屈、不公平，但比起被忽视来说，这点委屈又算得了什么呢？所以，幼小的她已经懂得讨好父母，讨好身边的人，以期获得大人们的关注和零星的赞许。

上大学之后，她开始勤工俭学，卖过电话卡，摆过地摊，靠自己偿还了上学的贷款。那个时候的她好像没有了其他追求，一门心思赚钱，补贴家里。她最害怕的就是"嫁出去的女儿，泼出去的水"这句话，她能想象出自己被家里排斥的场景，所以她不能停下来，停下来就意味着赚不到钱，赚不到钱就意味着自己对家里没有了价值。

这样的成长经历，不断强化她的内在模式——自己不重要，不可以享受，没有什么价值。不知不觉中，她好像也接受了自己处在这种内在模式的状态之中。对爱的渴望，被她深深埋在了心底，但这种渴望并没有消失。带着这样的渴望，她进入了恋爱关系，然后是婚姻生活。爱情唤醒了她埋藏心底的渴求，她希望先生可以像其他关心孩子的父母一样爱她、关注她、重视她，她的先生也的确这么做了。在逐渐获得满足的过程中，她不再像原来一样小心翼翼，不再刻意地讨好别人，但在先生升职之后，这种状态改变了。她变成了随意指责先生的人，而这种指责并不是目的，而是她在宣泄被父母忽视多年的压抑。

我们总是对可以发火的人发火，是因为在我们心里仍然存在对爱的渴望，每个成年人的内心都有一个孩子。有时候，一些很简单的环境因素决定了我们在父母心中的地位，也决定了我们能从父母那里获得情感的多少。

我想起自己曾经参加过的一个课程，课上有这样一个练习，用"我看到你的＿＿＿，我觉得＿＿＿"这样的句式来表达对别人的欣赏。我印象非常深刻的是我当时对一个女生说："我看到你的眼睛，我觉得……"在我还没说完的时候，那个女生就摇着头说："不好意思，我的眼睛很不好看，是吗？"

这个女生是单眼皮，但是我并没有觉得她的眼睛不好看，我原本想说的是"我觉得你的眼睛藏着自信"，当我把这句话说出来的时候，我看到这个女生的眼圈红了，泪水在她的眼眶里打转。过了一会儿，她冲我点了点头，和我拥抱了一下，她说自己对外貌一直很自卑，尤其当她知道要做这样一个练习的时候，她很担心，她很害怕别人评价自己。

我们压抑的部分，很多时候会逐渐在亲密关系里表现出来，那是一个人内心深处的渴望。也许我们可以尝试着让自己心里的那个孩子说说他的渴望，听听自己内心的渴望。也许他想要的不过是别人的看见和理解，因为每个成年人的内心都住着一个孩子，每个成年人曾经也是一个孩子。

我们渴望亲密，却无话可说

很多人都有过这种感觉，在恋爱或是婚姻中，好像时间越久，感情越淡，也不是讨厌对方，但就是渐渐无话可说了。

有位读者给我留言说她和男朋友已经在一起四年了，两个人的性格都比较外向，都有很多朋友，也有共同的朋友经常聚会。在朋友的眼里，他们两个人的关系特别好，但她知道，两个人在家时已经没什么沟通和交流了。她不明白为什么自己可以和朋友聊很多，和男朋友竟无话可说了。

像这位读者提到的这个问题，其实是由关系亲疏导致的。我们应该如何理解这种关系的亲疏呢？比如她和男朋

友都比较外向，经常和朋友聚会，但她说的这种情况下的
交流大多数都是表面的，停留在日常生活、新闻八卦、吃
喝玩乐这类话题，这是我们社会功能的一部分。关系越远
的朋友越不需要发自内心的交流，而在亲密关系中，这种
表面的交流就失去了意义。我们渴望和对方交流自己的内
心世界，就像我们经常会听人说相爱是两个人的灵魂与肉
体的双重结合，但两个人相处久了却无法有更多的交流，
很可能是我们开始害怕向对方暴露自己的内心。

　　我曾经接待过一个来访者，她的家庭在别人眼里简
直是模范家庭，但她知道自己在这段婚姻里并不幸福，
她和丈夫已经没有了交流，所以她来寻求心理咨询师的
帮助。我问她是否和丈夫说过自己的想法，她说自己已
经不愿意说了，只是希望对方能主动一些。她的确尝试
和丈夫表达自己的想法，她的丈夫也的确在一段时间里
会更多地关注她，但那并不是出于主观的意愿，因为丈
夫偶尔还是会露出不耐烦的表情。慢慢地，她也不再愿
意说了，她的人生经验告诉自己，如果暴露自己的内心，

总是会带来伤害。

这样的经验很可能是人在成长过程中经历和习得的，可能是我们小时候在父母那里表露自己却受挫，慢慢地，我们不敢也不会说出自己内心真正的想法了。在亲密关系中，随着两个人越来越熟悉，很多时候已经不会用真实的言语来表达情感，而是用激烈的对话发泄情绪，因为其中一方觉得对方应该知道，也应该明白。随着关系越来越亲密，我们反而不会更多地表达真实的感受，也切断了彼此内心的交流，情绪围起的城墙越来越厚，最后演变为双方的情绪斗争。

一个人是否能够真正地接受对方，意味着他是否能够真正直面自己的内心。我曾经接待过一位男性来访者，他说妻子在自己面前表现脆弱一面的时候，他的感觉是很生气。比如妻子和他说起工作上遇到的挫折，他会对此感到不悦，然后对妻子大讲一番道理。夫妻俩经常为此吵架，妻子觉得丈夫不关心自己，本想得到对方的安慰，结果换来的却是他对自己的"教育"。

这是一个很典型的家庭案例，我在这个人身上看到的是，他其实很想自己有能力帮助妻子排忧解难，但觉得自己帮不上忙，内心的负罪感和挫折感不断累积，慢慢转变成自卑的心理。所以，当妻子抱怨一下，表达自己感受的时候，他却开始讲道理，把道理当作回应，而不是安慰。其实他内心的真正冲突是不能允许自己有脆弱无助的一面，因为这会给自己带来巨大的压力和痛苦，他也不能接受妻子有抱怨的情绪，因为妻子的抱怨会勾起他内心的无力感。

当意识到自己内心真实的想法之后，他有一种如释重负的感觉。他开始明白，妻子也没有要求他解决所有的问题，需要的只是他的陪伴和安慰。当他承认自己用讲道理的方式作为对妻子抱怨的回应是为了防御自己内心的无力感并正面面对，他才会感觉更轻松，和妻子的关系也不会再像原来一样。

在亲密关系中，很多时候我们只需要认真听对方说话就够了，不必非要想着一定要做些什么，尤其是我们有时也做不了什么。往往也是这种时候，我们为了防御自己真实的那个部分，会用批判、指责的方式进行沟通，让彼此之间产生隔阂。

亲密关系的本质是伴侣双方投射认同的场所，如果我们不能觉察各自无意识投射的内容，亲密的关系也终将是寂寞的游戏。我们渴望关系，渴望真实的联结，甚至为此学习沟通的技巧和方法，却忽略了首先需要面对的是真实的自己。

真实地面对自己，才是幸福的开始。

走不出的伤痛怪圈

有位读者留言说，自己和相处三年的男朋友分手了，虽然已经过去了半年，但她这段时间每天早晨醒来的时候，情绪很低落。偶尔心情好一些的时候，她觉得自己一定可以走出来，但更多的时候，她还是很难受，甚至身体也莫名地出现疼痛感，晚上睡不好，需要借助药物才能入睡，但醒得特别早。难受之余，她有些困惑，事情已经过去一段时间，为什么还是很痛苦？

这个女生让我想起另一个朋友，两个人的经历有些相似，她在和男朋友分手的时候没有撕心裂肺，之后也没有藕断丝连，分手是彼此意识到两个人在一起并不合适才决定的。对于分手，她纠结了很长时间，最终还是作出了这个决定。分手之后，她感觉自己整个人被抽空了，就像是失去了身体的一部分，回家之后，面对安静的房间，她在很长一段时间里感到无法适应。其实，她回到的是自己本来的生活，自己仍然是自己，她真正不适应的是已经习惯在身边的人离开了。

爱情，似乎总是可以把人打回原形，随之而来的痛苦，则是因为我们原形毕露。写到这里，我突然想起网络上曾经的一条新闻，一个女生因为男朋友没有给自己朋友圈发的内容点赞而闹分手。当然，这种情况不是第一次发生，她的男朋友从来不给她点赞或评论，这让她觉得对方不在意自己，于是有了分手的这一决定。

客体关系理论认为，人活着就是为了寻求跟他人的联结。就像我们平时在微博和朋友圈发东西一样，很大程度上是为了得到别人的关注和回应，如果有很多人给我们点赞和评论，更会让人更热衷于做这件事。反过来，我们发出去的内容没有人回应，你就会越来越不想发。这种感觉就像是自己发的内容没有价值，所以被人忽视。

为什么大家会在网络上寻求关注和点赞，哪怕不惜牺牲形象来恶搞自己，招来嘲笑，甚至是谩骂。如果完全没有人关注，没有人对此有任何反应的话，即便再怎么恶搞自己也没什么意思。所以，无论是有人喜欢还是有人骂，关键是有关注和回应。

有句话说，无回应之地，即是绝境。很多研究显示，早年曾被父母严重忽略的孩子，他们中的很多人在成年之后，身体会莫名其妙地疼痛。这种疼痛像是有人在打自己一样，这是人在内心虚拟了一个糟糕的关系，但是糟糕的关系也好过没有关系。这种身体的疼痛，既是对自己的攻击，也是对关系的渴望。然而这份渴望，往往会导致我们的心理边界模糊不清。

很多人的痛苦就是因为对关系的渴求让自己没有了边界感。没有边界感，就无法用比较成熟的心理防御来保护自己。外部环境有任何的变化都容易影响他们的内心世界，比如因为别人不经意的一句话就产生巨大的情绪反应。因为内心没有边界，没有防御，即使是无心之语，也可能直接刺到了他们的内心，然后就崩溃了。

边界感也是防御感。人格的边界是我们的自我防御机制组成的，如果防御能力弱，人就会容易陷入抑郁和痛苦之中，别人也会很容易对你产生负面影响。人在恋爱的时候，边界感是最模糊的，那种感觉就像是你中有我，我中有你，不管是身体还是精神上，都容易出现这样的状态。在这个时候，我们也会因为恋爱而很容易受到伤害，并且这种伤害会让人感到特别痛苦。

曾奇峰老师说："假如你想念某一个人的时候，仅仅是感到快乐的话，你只不过是喜欢而已；但是当你想念一个人而感到抑郁的话，那你肯定是爱上他了。"

爱情，终于让我们的抑郁原形毕露。也许是因为我们对爱如此的渴望，以至于我们会对失去产生如此的恐惧。我们害怕失去，却又不断地经历失去。心理学家梅兰妮·克莱因认为，抑郁情绪的根源在于早年母婴关系经历中的失去体验。譬如，婴儿在断奶时失去母亲的乳房、兄弟姐妹的诞生之后失去父母的关注、早期的分离创伤等。

分离会带来创伤，也会带来成长。成年生活中的失去，让我们早年没有被处理的伤口复发，这是生活在给我们一次包扎伤口的机会。正如一位朋友说，"失恋往往是一次人格的成长"。这位朋友深爱的男人离她而去，在此之前，她根本无法想象没有对方之后该怎么活下去。后来，她离开了这个熟悉的城市，满世界地寻找精神寄托，在这个过程中，她慢慢发现，她在寻找的其实是自己。

她在不同的地方遇到了不同的人，这些人或多或少地面临着生活或情感上的困境，她看到了这些人的伤痛，也看到了他们面对伤痛的方式。就在这样的旅程里，她终于发现了自己，知道自己是谁，想要什么样的生活。正如她在明信片里写道："我们有时候就像照镜子一样，总以他人来界定自我，认识自我，而每一次在别人身上看到自己的样子，都会让我越来越爱那个真实的自己。"

克莱因说，失去本身不是抑郁的原因，承受失去带来的各种情绪和痛苦的能力才是关键。分离也是需要学习的，就像孩子的成长一样，学习爬，学习走，最后学着离开父母，昂扬迈向独立。

抑郁，是成长的一道伤疤，也是对爱的渴求。我们需要去面对自己的伤痛，这是一段必经的旅程，也是人生的功课。伤疤下的伤口很疼，挺过去，你不再是你；挺过后，你依然还是你。

每段恋情的结束都让我们学习如何表达对爱的渴求，如何面对失去一段关系，也让我们体会渴望的爱，让我们学习爱。只有学会爱，才能好好地面对情感的分离，才能学会好好地离开。

向左走，向右走

如果你的内心充满了羞愧的感觉，面对自己的时候就是一个痛苦的过程。

我的一位来访者，她说自己因为丈夫做了背叛婚姻的事情而提出离婚，在对方同意之后，自己竟然开始害怕了，但她清楚地知道自己已经没有办法再接受对方。这样矛盾的恐惧，到底是为什么呢？

她说了几个现实层面的原因，比如孩子会在单亲家庭的环境下成长、担心自己一个人养不活孩子，等等。我知道她是一个很有能力的人，收入也很高，正常来说不应该担心养孩子的问题。在我提出这个疑问之后，她说自己其实是害怕父母责怪她，因为她的父母当时并不同意他们的婚姻。父母不喜欢她的丈夫，并且为此和她争吵过，而面对现在的婚姻状况，她担心父亲会嘲笑她。

不离婚，她将陷在错误的婚姻里无法自拔，那种痛苦不言而喻；离婚，就意味着她向父母承认自己当初的选择是错误的。其实，对她来说，离婚与否不是最重要的，最重要的是，她感觉自己被逼到了角落，好像无论怎么选择，都只会证明自己的错误。这才是她真正恐惧的地方。

一个孩子，当然会渴望得到父母的爱和认可，然而很多父母看不到这个部分，有些父母在养育孩子的过程中用各种条件对孩子提出要求，让孩子从中感到了羞愧，甚至把羞愧内化到自己的内心深处。这种有条件的爱就像一种评价，这种评价很容易让孩子产生分裂感，比如我们常常听到的"你要学习好，爸爸妈妈才会喜欢你"，这意味着，如果孩子学习不好，爸爸妈妈就不会喜欢他了。孩子为此感到困惑，难道成绩不好父母就真的不爱自己了吗？

有一种现象，有些孩子在小学阶段的成绩很好，上初中时可能也不错，但随着年级越来越高，成绩却开始下滑，这是为什么呢？

很可能是因为父母的压力。孩子的成绩好因为父母的压力，而随着他逐渐长大，这种压力有增无减，他觉得很累，不想再强撑下去，同时内心还会恐惧，成绩下降会带来父母的不认可。这种心理上的疲惫，其实是来自内心的冲突。孩子的心里会有两种声音，一种是希望得到父母的喜欢，自己要按照他们的想法去做；另一种声音是自我的意志，不想一味地听从父母的想法。孩子的内心产生了冲突，随着年龄的增长，这种冲突会以一种方式爆发。比如，孩子可能直接放弃了学习，不再追求学习成绩，甚至可能更为极端。

如果父母设定的天花板过高，孩子怎么都够不到，那么孩子很可能选择自暴自弃。如果没有自暴自弃，孩子很可能会戴上面具，努力做到父母想要的样子，却让自己不堪重负，最后还是达不到父母的要求。孩子就此产生羞愧感，觉得对不起父母，伴随而来的则是无力感、自卑和自我攻击等。

由此可以理解，那位想离婚又不敢离婚的女性所面对的内心冲突。她想证明给父母看，她选择的婚姻是对的，但内心真正的想法是希望父母可以理解自己，无论她的选择是什么，父母都可以给予支持，而不是简单粗暴地干涉。

她希望自己的婚姻和家庭很好，也希望父母可以看到她越来越好，但现实恰恰相反，她在伤心和痛苦中不得不担心父母的眼光，让她的内心饱受冲突带来的痛苦。

很多父母常常用孩子对他们的渴望反过来要求和控制孩子，本来应该是孩子得到父母的照顾，却变成孩子照顾父母的需求，而且有时父母的要求太高了，孩子好像怎么努力也难以做到。

我的另一位来访者，同样也是女性，她一直觉得自己很笨，无论学业还是工作，都要付出巨大的努力。参加工作之后，她的收入虽然不错，但一直都有一种恐惧心理，担心哪天会丢掉工作，养活不了自己，甚至连饭都吃不上。回顾她的成长经历，从小到大，无论她做什么，她的妈妈都不满意，这让她一直处于惶恐和无助的状态。她对自己无法养活自己的担心，其实是来自小时候害怕自己达不到妈妈的要求而被遗弃的恐慌。

孩子渴望父母的认可，同时又对自己达不到父母的要求感到羞愧。这种羞愧感很容易让孩子否定自身的完整性。学习、工作、婚姻，这些都是我们人生的一部分，当我们过于放大某个部分时，就会忽略其他的可能，忽略选择的可能性。有时候，我们要从中跳出来，换一个视角看待自己。我们应该对自己更好一点，不让这个问题继续影响以后的人生。

有一个简单的练习可以帮助我们更换视角，就是把自己的经历用第三人称写下来，就像你在看别人的故事一样。你会看到故事的主角正在经历着什么，他的感受又是什么，你会发现故事里的人，可以有更多的人生选择。

心理咨询的意义就在于你为自己找了一面镜子，可以更全面地去看到自己，看到过去，看到更多的可能性。

自恋的创伤

有位朋友来找我咨询孩子的问题，她说自己的孩子上初中之后变得越来越内向，不愿意和人说话，后来只好休学，她很着急，不知道怎么办才好。听到这个消息，我也很难受，但因为知道她家的一些情况，我没有特别的意外。我建议这位朋友带上孩子一起去做家庭治疗，或是寻求心理医生的帮助，但她没有这么做，觉得这样会伤了面子，她虽然为孩子着急，却不认为孩子的问题和自己有关。在她眼里，面子比孩子更重要。

我的另一位朋友对我说过自己一件很没有面子的事情。小时候，有一次他去亲戚家拜年，在他玩得很开心的时候，妈妈叫他去上厕所，他当时说不想去，妈妈说他玩了这么长时间，应该去厕所了，然后当着众多亲戚的面把他拉进了厕所。他看到周围的亲戚都在笑，便很生气，更多的是感到羞耻，但这并没有改变已经发生的事情。

进卫生间之后，他不高兴地问妈妈为什么要逼着自己上厕所，妈妈这才解释说因为亲戚给了他红包，她也要给对方的孩子送红包，为了不吃亏也不占便宜，所以想先看看红包里有多少钱，然后包一个同等数额或者多一点的红包，这样做才有面子。

妈妈的解释让他更加难以接受，他反问妈妈为什么不考虑自己的面子，妈妈的回复是他还小，别人不会在意的。我的朋友那时已经上小学六年级了，在一群亲戚面前被妈妈逼着上厕所，还是在"陪同"之下，这让他产生了羞耻感。在那之后，他再也不愿意跟着父母走亲戚，担心被人笑话，变得越来越在意别人如何看待自己。

很多人在小时候都有过这种感受，好像小孩子是没有尊严的，在大人们眼里，孩子好像不需要尊严。自恋的父母看不到这个问题，只能看到自己，于是，孩子的自恋就受到了创伤，长大之后就会特别要面子，也会特别在意别人的看法。孩子小时候得不到的，长大之后就会在别的地方找回来。

自恋创伤对应的是自恋需求。孩子最早期的需求是在母婴关系中，妈妈对孩子的及时回应可以满足孩子的自恋需求。婴儿会活在一种全能感里，即整个世界与自己合而为一，如己所愿地运转。比如，孩子肚子饿了，妈妈很快就可以照顾这种需求，当这种需求得到一定的满足后，婴儿才能不哭不闹。如果这种需求没有得到满足，孩子就可能会构成原始的自恋创伤。

自恋创伤会让人跌入无尽的无助感中，他会觉得周围的一切都处于失控的状态，都是让他感到恐惧的。无助感对应的是全能感，为了对抗自恋创伤，很可能会发展为追求无所不能的全能感，所以，他就需要控制，控制周围的情况，控制别人，甚至会用让别人陷入无助的方式来缓解自己的无助感。比如有一种让人感到愤怒的男人，他没有很好的赚钱能力，自己又不努力，于是每天喝酒甚至赌博，回到家就拿妻子和孩子出气。为什么有些男人会有这样的表现？

因为他无法控制外部的世界，这种情况会打击他的自尊，让他觉得无助，这种无助感让他感到煎熬。所以，他会去自己可以控制的地方寻找控制感，而这个地方通常就是家，拿妻子和孩子出气，通过这种方式释放自己的无助感。同时，他也希望每件事情都可以符合自己的想象，这样才会有控制感。一旦事情没有达到预期，他们就会感到崩溃，觉得自己被人攻击。为了避免自我的崩塌，他们会把所有的责任推到外部世界。所以，和过于自恋的人打交道，你会发现他们永远不会觉得自己有错。拼命维护面子的人，是因为内在的自我没有真正地建立起来。面子可以让掩盖匮乏脆弱的自我，而死要面子本身也是为了防御没有被满足的里子。

我认识的另一位朋友，小时候总被父亲叫去在客人面前背诵古诗词，她感到父亲为自己的行为感到开心，后来她才发现，父亲的开心并不只是这样，而是因为自己让他很有面子。她想要父亲的爱，父亲却想要女儿给自己带来面子。她原来一直以为这就是爱的关系，而实际上，这样的关系置换了她的内在动力。她并不是真的喜欢古诗词，她做这些不过是为了得到父亲的关注，慢慢地，她也习惯性地把这种模式带到了其他关系之中。

她毕业之后在广州工作，几年之后攒下一笔钱，本来是打算买房子的，但就在那段时间，父亲经常和她说，谁家盖房子了、盖了多少层，孩子如何有出息等，她最后放弃了在广州买房的想法，把钱给了家里，在老家盖了房子。

她如果当时在广州买了房子，之后就不用再租房，按照她当时的工作情况，还会再攒一些钱，可她的钱在老家盖了房，不会有升值空间，父母根本不需要住那么大的房子，即便租出去，每个月也只有几百块钱的租金。她不是算不过来这笔账，但还是做了一个连自己都觉得不划算的决定。对于当时的她来说，得到父亲的认可，让父亲脸上有光，比什么都重要。

面子，是假装自己在关系中被满足；里子，是我们对关系渴求的真实感受。如果内心足够稳定，其他人的看法就没有那么重要。用客体关系理论来说的话，就像是内心住着一个爱自己的人。如果自己可以感到被爱，自我就会去追寻内心的声音，而当这个被爱的需求匮乏，自我就只能追求表面和形式的尊严。

心理学家武志红认为，面子对于很多人来说相当于是尊严，是自我的存在感。如果你不给我面子，我的自我就"死"了。所以，很多人特别在意面子，也会想着给别人面子。

我们越是缺乏真实的爱，缺少关系的联结，越是容易在意一个虚假的形象，爱面子其实是为了维护自己脆弱的存在感。真正的自我价值感不在于有没有面子，而是你发自内心地觉得自己是有价值的，这是你的内在动力，而不是外界的评价和驱动。

要看到自己的价值和认识自己并不那么容易，要做到这一步，首先可能要问问自己，你是否愿意看见和面对真实的自己，那个难以面对的不完美的部分。只有这样，你才能在关系中呈现真实的自己，你才能放下面子，去感受真实的联结。

被"我不会害你"吞没的孩子

很多人有过这样的感受，面对父母的关心觉得很难受，又很无奈，无奈是因为感受的不是真正的关心。父母的关心常常透露出的意思是，你不知道自己该怎么办，而我知道。所以，父母会对子女说"我这都是为了你好"，子女好不容易鼓起勇气表达了自己的感受，结果听到的是"我不会害你的"。

有位体校的女生在比赛中意外受伤，腰骨裂开，腰椎滑脱。医生建议她不要再做剧烈运动，因为腰椎滑脱会带来瘫痪的风险。女生对妈妈说了放弃体育的想法，但她的妈妈不允许，希望她通过体育特长生的身份被重点大学录取。她妈妈说："你不是小孩子，不要这么任性，要为自己的前途负责。医生说的是严重的话会瘫痪，明年就高考了，你再熬一熬，妈妈不会害你……"

"我不会害你的"这句话，常常出现在父母和子女的对话里，我们应该如何理解这句话？通常情况下，我们的意识里会认为父母是为了孩子好才这么说的，但这句话隐藏了一句潜台词——我这样做当然是对的，你要听我的。

父母想让孩子听自己的话，常常会说"我不会害你"这句，里面隐藏了对子女的权力支配的欲望。除了这个理由，还有一个是，如果你不听我的，我就会惩罚你。

一个孩子弄坏了邻居家孩子的玩具，孩子的妈妈要求孩子向对方道歉。孩子不想道歉，这位妈妈就用威胁性的方法，告诉孩子如果不道歉，就不能看电视。孩子做错事情，妈妈要求道歉，这件事本没有错，父母想让孩子有担当，可以为自己的行为负责，但孩子不想道歉的时候，这位妈妈感觉自己的权威被挑战了，所以才用了带有威胁的方法。

"你要是不道歉，我就剥夺你看电视的权利"，这是非常典型的权力意志的碾压。这样的话语体现出的不是为了孩子的成长，而是借着为孩子成长的理由来实现自己的权力意志。家长为什么要在孩子的身上找权力感呢？

还有一个故事体现的也是同样的逻辑。一位爸爸陪女儿到外面画画，女儿忘记了带画笔，就叫爸爸去楼上拿，爸爸让女儿自己想办法。他希望女儿可以自己回去拿，结果女儿让楼上的奶奶帮忙拿了下来。爸爸看到后暴跳如雷，把两个人都责怪了一通。

这位爸爸本来希望女儿可以为自己的行为负责，所以他才会拒绝帮忙，这是没问题的；但孩子找了奶奶帮忙，为什么他会非常愤怒呢？原因就在于孩子找到了其他人的支持，她没有依赖爸爸，也没有按照爸爸的想法去做，身为爸爸感觉权力受到了威胁。

父母似乎不能容忍孩子不听自己的话，这种感觉的背后隐藏着对孩子"背叛"的愤怒。当孩子慢慢长大，无论是语言表达能力还是行动能力都在增强，这个时候会让父母隐约产生自己将会被孩子抛弃的感觉。父母嘴上说为孩子好，让孩子独立，但在潜意识里也在害怕孩子的成长，这种成长被父母赋予了背叛和抛弃的意味。

我的一位朋友，他总被父母埋怨不做家务，妈妈每次抱怨都让他很恼火，其实他并不是不做家务，而是从小根本没有做家务的机会。工作之后，他开始独立生活，可以把家里收拾得很干净，把自己照顾得很好。这时候的他发现在家的时候，妈妈一边抱怨他不做家务，同时又把所有的家务包揽，其实不是他懒，而是妈妈在让他懒。只有这样，他的妈妈才能在家里找到属于自己的价值。

父母离不开孩子，所以通过否定孩子的能力，进而承包孩子的部分自我功能。有些孩子感受到父母潜意识的这种想法和需求，并且与之产生了认同，孩子就会在智力和能力上"阉割"自己，把自我功能外包出去，让自己变得无法处理很多事情。这种情况是孩子通过把自己变得无能，以此表达自己对父母的忠诚。

曾奇峰老师曾经说过，万病源于未分化。如果父母的注意力完全放在孩子身上，就容易忽视孩子作为一个独立个体的存在，父母甚至会觉得，孩子如果有了自己的独立意识，自己就会被抛弃。作为父母，需要重新审视一下自己，当你否定孩子或是嘴上说为孩子好的时候，到底是不是真的为孩子好，还是在利用孩子对父母的爱和恐惧来满足自己。

每个人都是独立的个体，哪怕是在父母和孩子之间。如果不改变，孩子会很痛苦，因为成长是必然的，当你不再把重心放在孩子身上时，你也不会把所有的力气都压在孩子的身上。

情绪没有分离，行为没有边界

有位读者留言说，自己看过很多关于育儿的书籍，里面都提到要给孩子爱和自由，她也很认同，毕竟自己也是从小被严格管大的，对天性被压抑有着很深的体会。她希望自己可以让孩子自由自在地成长，所以在平时的生活里会考虑孩子的意愿。但她现在也很困惑，正在上小学的儿子非常喜欢看电视，有的时候看电视的时间过长；她劝儿子别看了，儿子根本不予理会，有时还会哭闹。虽然这不是什么大事，但她为此感到十分苦恼。

心理学文章说要给孩子爱与自由，孩子会更好地成长，随着年龄的增长会逐渐明白事理。这就是让这位读者困惑的地方，她在自己的孩子身上完全看不到懂事的迹象。她尝试过用强硬的办法控制孩子看电视的时间，但这种方法带来的负面影响，让自己和孩子都很难受，且最终没有解决问题。那么，父母到底该不该给孩子自由？

其实，我们需要重新审视一下自己对孩子的爱，我们以为爱孩子的表现到底是不是基于内心的某些想法去爱孩子的？我曾经看过一条新闻，一家人开车出行，孩子想坐在副驾驶的位子上，父母知道这样很不安全，就没有同意，结果孩子又哭又闹，最后他们妥协了。这对孩子来说并不是一件好事，出现交通意外的风险暂且不提，这让父母在孩子面前失去了该有的原则和底线。过度的爱，是父母的溺爱；过度的自由，则是父母的无力。父母在孩子提出不合理要求时，应该有足够的底气给予回应，构建应有的框架和边界。对于孩子的要求和情绪，父母应该有能力面对，不能完全顺着孩子的心意。

很多时候，孩子对父母提出不合理的要求，父母无法通过沟通打消孩子的念头，也不能处理好孩子随之而来的情绪，父母通常会用另一种方式表达，比如对孩子说："我这么做是为了你好。"与此同时，父母对孩子的哭闹会产生愤怒的情绪，却不能表达出来，所以这个时候的父母是无力的。可站在孩子的角度来看，当父母说出

"我这么做是为你好"的时候，孩子不能理解，也感受不到父母对自己的爱，因为这句话包含了抱怨，孩子在这句话里听到的是："我都对你这么好了，你怎么可以这样？你还想怎么样？"

妥协于孩子任何的要求，父母给孩子的这种自由就像是在讨好孩子一样。讨好是害怕对方的离开。没错，很多父母对孩子是有依赖的，这种依赖导致父母对孩子无底线地妥协，从而不能与孩子建立边界。

当父母的情感只能通过孩子获得的时候，父母的潜意识里担心自己对孩子的教育会让彼此之间产生距离，而这意味着父母失去孩子对自己的依恋。有些孩子对父母的这种感觉很敏感，所以他学会了以此来威胁父母。生活中有很多类似的情况，比如很常见的一种是孩子对父母说："如果不让我看电视，我就离家出走。"

父母因为害怕和孩子的疏远，所以对孩子的依赖感会变得越来越强，尤其是夫妻关系并不稳定的家庭，孩子往往会变成维系夫妻情感的纽带。如果家庭中父母任何一方缺位，另一方与孩子的亲密特质就会变得趋向黏稠。过度黏稠的关系会很容易把爱转变成恨。所以，父母需要重新审视一下自己，究竟自己真的是在爱孩子、给孩子自由，还是因为内心的恐惧和焦虑。如果是后者，那父母满足的其实是自己的情绪。

没有框架和边界，也就没有了各自的空间。曾奇峰老师说："父母对孩子适当的恨实际上是对孩子有好处的，因为这样可以拉开距离，让彼此不仅有共同的空间，还有各自的空间。"

正如文章开头的那位读者，她自己就是被父母严格管大的，没有自己的空间。其实我们很多人的成长过程都一样，因此当我们成为父母，养育自己的孩子时，我们希望给孩子自由，不希望孩子的天性被压制，这也恰好反映了我们内心的需求。孩子的活力和天性不应该被压抑，但也需要一个尺度，超出了这个尺度，孩子的自由就会给他人造成影响或是入侵他人的空间。我们都渴望做自己，这当然没有错，孩子需要成长的空间，父母也需要自己的空间，爱孩子也不意味着父母要失去自己。

　　家庭就像是社会的缩影，家庭环境其实就是一个共同的空间，就像社会环境是属于所有人的空间一样。既然是共同空间，就是由生活在这个空间的人共同构建和维护，这也是共同的规则。规则保护自由，而自由也是在规则里产生。给孩子爱与自由当然不是问题，问题是我们把规则赋予了禁止的意味，让自由和规则对立。既然问题出现了，那我们应当怎么做呢？

　　首先，规则不是禁止，规则是在双方的博弈之下形成的。你可以和孩子沟通，说好规则的细节，越具体越好。拿看电视来说，看电视的时间，要具体到每天什么时间看，看多长时间。要注意的是，说好的规则，不要仅仅停留在说好的阶段，因为父母和孩子都可能为了各自的利益而选择性地忽略和遗忘。可以试着让父母和孩子制定的规则可视化，写成文字或者做成图片放在家里，这样也可以间接地培养孩子心中的秩序感。

　　还有一点，既然是双方协定的规则，父母就需要在家里放下自己说了算的权力自恋。比如，孩子可能会提出晚上看一个小时电视的要求，父母不能粗暴地一票否决，而应表明自己可以承受的底线，比如只同意看半个小时。我们可以用这样的方式和孩子协商，坚持底线的同时也要适当灵活，比如故意让孩子在谈判的过程中赢得某些其他的权利。这个过程既可以培养孩子的界限感，也会让孩子感到被尊重，即家里的规则是共同制定的，并不是父母一手包办的。这也意味着规则不仅要一起协商，更要一起遵守。

其次，当孩子想要突破规则时，父母要守住约定的规则底线，同时表示对孩子想法的尊重。父母可以不同意孩子的想法，但不要去指责孩子。还是拿看电视举例说明，孩子想看更长时间的电视，父母可以平和地用规则和他沟通，让孩子感到父母并不是从情感上拒绝他，只是遵守了相互之间的约定，这样做不容易造成双方情感之间的冲突。

建立边界不是一朝一夕的事情，最重要的是孩子可以在成年人身上看到如何处理这样的问题。如何有力量地拒绝，有弹性地接纳，这些都会内化到孩子的心里，成为成长过程中的养分。

孩子变成父母的"超级照顾者"

我收到过一位读者的邮件，她说自己在孩子两三岁的时候结束了婚姻，之后就忙着赚钱，忽视了对孩子的教育。重新组建家庭之后，孩子的行为很多时候达不到先生的要求，经常会受到惩罚。看到孩子被惩罚，她也会感到担心。她也时常就孩子的行为与他沟通，但每次只能管用几天。学校的老师也反映孩子有自控力差、不遵守纪律等问题，她只能让先生用简单粗暴的惩罚方式去管教孩子。但她觉得这不是长久的教育方式，担心在这样环境下长大的孩子会有巨大的心理阴影，她不想当一个失职的母亲。

家庭中没有独立存在的人，任何一个家庭成员出现问题，很多时候反映的是家庭关系的问题。就像这位妈妈所说，孩子时常会受到惩罚，她也会跟着害怕，如何理解她的这种害怕？是害怕孩子受到惩罚，还是害怕孩子受到惩罚之后对家庭中的角色产生焦虑和恐惧？无论是哪种害怕，都会推动自己做一些事情，或者希望孩子可以做一些事情，而这些事情可以缓解一些自己的害怕。

有时候，我们需要反观自己的内心，我们是真的在为孩子的成长考虑，还是说有一部分是在为自己的情绪考虑。比如这位妈妈，她可能会希望把对孩子的要求提高一些，提升到符合丈夫的标准，虽然对孩子的要求很严格，但这样就可以缓解自身的焦虑。如果孩子自控力差，这势必会影响到自己好妈妈的角色，也会影响到自己好妻子的角色。所以，在这个家庭里面，真正的问题并不完全在孩子的身上。孩子的问题是我们看到的她的行为表征，但实际上是家庭关系所导致的。

前文讲述的家庭是个重组家庭，孩子不能那么快适应这个家庭的节奏，尤其是当孩子面对严格的继父时——他的要求比孩子原来经历的高——这和孩子以前成长环境所面临的不同。这似乎不是在为孩子制定一个标准，而是作为这个新家庭的成员，妈妈希望自己和孩子去适应这个新家庭的标准。

孩子在以前的家庭有原来的节奏，无论妈妈和爸爸之间因为什么离婚，孩子和爸爸之间仍然有情感的联结，而在新的家庭里，很多秩序发生了变化，孩子心里可能会对爸爸和原来家庭表达忠诚的感觉。如果现在的家庭是严格的，那么自己变得捣蛋一些，就有一点回到原来的家庭环境的感觉。而那种感觉可以让孩子感到舒服和熟悉。还有一种情况是，孩子对父母之间关系的结束没有完全忘记悲伤，所以 孩子自控力差的表现也有对过去成长环境的渴望，对父母关系的忠诚。

孩子问题的背后，常常是在渴求父母的爱。在一个重组家庭里，孩子没有得到足够的爱和关注，他表现出的问题，也许能够帮助自己获得一些关注。父母离婚之后，孩子感到自己会失去原本的爱，而在新的家庭里，妈妈对继父的依靠，在新家庭的适应和妥协的过程里可能对孩子有所忽略，孩子很会在意这点。同时，孩子会发现，在某个时间里是可以得到妈妈的关注的，就是他在受到惩罚后妈妈的心疼。孩子在这样的时候感受到妈妈对自己的爱，之后也会通过类似的方式来持续获得妈妈的关注。

有时候我们看到孩子没有界限感，其实是因为很多次没有界限的时候，孩子可以感到妈妈的心疼和爱。这些在很大程度上都是孩子自控力差、没有规矩的内在动力，而孩子的这种内在动力很多时候就是为了得到妈妈的关注。

没有界限是孩子行为的表征。妈妈之前忙于生计，没有足够的时间和精力照顾他；在新的家庭里，生活有了保障，孩子曾经缺少的关爱可以用别的方法来寻求。孩子不是不懂得界限，他恰好知道触碰一些界限可以换取什么，所以才有了那些问题。在孩子的心里有比界限更重要的东西——妈妈对他的爱。孩子心里很清楚，自己受到惩罚后，妈妈会心疼，妈妈并不会放弃自己。

如果可以，请告诉你的孩子，你不会因为重组家庭而放弃对他的爱，也不会因为要照顾新家庭就忽略他。不要藏起对孩子的爱，尤其是在重组家庭里。当孩子的内在动力被看到，他就不再需要通过外在的问题去索求什么了。

为什么很容易对人感到内疚

父母对子女无私的爱，在父母看来是理所应当的，但父母对孩子太"好"，也会让孩子在感动之余产生内疚感。

我的一个朋友对我说过她的一次经历。她的家在镇里，上中学的时候，学校在市里，那个时候她是住校的。有一次生病的时候给家里打电话，因为妈妈是护士，她想询问妈妈应该吃什么药，结果她的妈妈因为担心，连夜从镇里赶到了学校。她说自己当时非常感动，之后却很内疚，觉得自己照顾不好自己，已经长大了却让家里为自己担心。后来也有很多类似的事情，她不敢再对父母说，即使在外面受了委屈也不说。对于父母的爱，她感到害怕，父母的关心让她产生深深的内疚感，她也为此感到痛苦。

　　朋友当时有些无奈地说，父母对她的爱，有时候让她感动得不敢动了。她希望父母也可以拥有自己的生活，不用过于操心她，也不必把重心都放到她身上。可当她这样想的时候，她又会对自己有这样的想法感到更加内疚，父母对她这么好，自己怎么能这么想呢？

　　我很能理解她的感受，她因为父母过度的爱感到内疚，产生避开父母的想法，结果因为这样的想法加深了自己的内疚感。梅兰妮·克莱因认为，婴儿在刚出生的三个月，在妈妈的悉心照顾下会感到非常满足，因为妈妈总是会及时出现。但之后妈妈因为种种原因不能及时出现，这个等待的过程对婴儿来说，会让他感到失望和愤怒。当妈妈出现的时候，婴儿可能会用自己的方式弄疼妈妈当作报复。由于婴儿分不清现实和幻想，他会认为幻想中的事情真实地发生了，他以为自己毁灭了妈妈，而这个时候，婴儿会生出一种恐惧，出于对丧失爱的客体的恐惧。因为他爱的是妈妈，恨的也是。克莱因认为这是一个人最初的内疚感的来源。

我们每个人可能都有过这种感觉，当我们对自己所爱的人有强烈的恨意或者攻击性冲动时会感到内疚。内疚虽然会让人感到痛苦，但也有它的好处，克莱因认为，内疚的作用是用来整合爱与恨的。

合理的内疚是良知的体现，我们需要通过内疚来测量自己和他人的边界，内疚也可以帮助我们避免对亲近的人造成伤害。如果说合理的内疚具有整合爱与恨的功能，那过度的内疚会让我们不断地进行自我攻击，最后导致关系的疏离，让彼此都痛苦。那么，为什么有人会产生过度的内疚呢？

弗洛伊德认为，人由本我、自我和超我三个部分组成，只有这三个部分协调统一，才不会产生冲突，不会出现心理问题。本我，反映了人的欲望；超我则是我们内心的约束和规范。超我过于强大的人会认为很多本能的部分是不好的，会过于压抑自己的本我。在成长的过程中，由于父母对孩子过度的约束，对他们的成长过度控制，导致孩子形成了过强的超我，那么，孩子也可能会用超我来打压自己。过度的内疚来自我们内心过高的自我控制。但是，本我的欲望总是会自然而然地产生，他们压抑不住的时候，就容易产生过度的自责和内疚。

有这样一个真实的案例，孩子和父母逛商场的时候看到有钢琴表演，觉得很有意思，父母看到孩子对钢琴有兴趣，就给孩子买了一架钢琴，还给孩子报了钢琴培训班。孩子的天性是爱玩的，而练钢琴对孩子来说太过枯燥，不愿意花很多时间练习。父母觉得自己花了那么多钱给孩子买了钢琴，结果孩子却不喜欢练习，他们为此感到很困扰。想象一下，如果这个孩子比较懂事，他很可能会觉得自己太自私了，让父母为自己感到难过，他就会产生内疚和自责。

在生活中，我见过很多类似的父母，他们往往利用孩子的这部分催生孩子的内疚感，再用内疚感控制孩子。在这样环境下长大的孩子，他会内化这个部分，在他的人际关系遇到问题的时候，也容易把责任归到自己身上，认为都是自己的不好造成的，所以他常常感到内疚。

很多人在成为父母之后就没有了自己的人生，觉得自己的一切都是为了孩子，他们依靠付出感对孩子好，但这种付出感会让孩子觉得是因为自己的存在而让父母没有了自己的人生，孩子对此感到内疚，继而想要逃离父母，而这种逃离又加深了自己的内疚，这就是过度的内疚。这种内疚会让人感到非常痛苦，而这种痛苦很难被释放，慢慢地会转化成愤怒。

如果你发现自己常常陷入内疚感之中，那么你需要好好地觉察自己：如果是你的错误，那就承认和接受错误的发生，并且进行补救和改正；如果不是你的错，你不必为此背负痛苦。内疚会缓解你内心的焦虑，但对于事情本身却没有正向的作用，你需要停下自我攻击，才能更好地面对事情，尽快从过度内疚的模式中走出来。

荣格说："父母对孩子最不好的影响，莫过于让孩子觉得父母没有好好过日子。"如果父母不能和孩子在心理上分离，还把孩子视为自我的一部分，孩子的自我就没有了边界感，孩子的心理就会是未分化的。

孩子过度牺牲自己的利益只为了讨好父母，或者父母牺牲一切为孩子付出，都不是良性的，都是为了自己的存在感，希望在对方身上找到自己的价值。通常，每个孩子对父母都是有爱有恨的，而我们的家庭中只允许孩子对父母表达爱，恨只能藏着，所以感动之余的内疚，会导致孩子的自责。孩子习惯性地觉得自己不够好，需要拼命地证明自己。这种情况就会让孩子产生过度的内疚，把问题全部归于自己，认为都是自己的不好造成的。

只有父母拥有了自我，孩子才能拥有他的自我；只有父母拥有自己的生活，孩子才能拥有自己的生活。羁绊会被传承，爱和自由也可以传承。

每个孩子曾经都有一颗拯救父母的心

孩子的问题，真的是孩子的问题吗？

也许，那会成为孩子送给父母的礼物。每一个孩子，都曾经试图当一个拯救者，想要拯救父母的关系，努力改变父母的人生，但父母看不到孩子对他们的爱，最后由孩子承担了父母带来的所有问题。比较典型的情况是，当父母的情绪出现问题时，孩子会通过自我压抑的方式为父母考虑，借此拯救父母的情绪。

一位朋友在聊天时说，自己的妈妈像个没长大的孩子，印象最深的一次是妈妈来看她和孩子，因为生活习惯和教育理念的不同，母女之间产生了分歧。妈妈觉得自己在全家人面前被女儿否定意见很难堪，于是赌气不吃饭。朋友并没有做错什么，也没有不尊敬自己的妈妈，她不想认错，但看到妈妈的样子，她还是向妈妈道歉了。

她当时倒了一杯茶，走到妈妈面前。没等开口，她的妈妈当场哭了起来："你为什么要这么对我？我到底造了什么孽，生了你这样的女儿？"

她没想到妈妈的反应竟然如此激烈，还没反应过来，妈妈把手里端着的茶直接泼到了她的脸上。朋友说自己的大脑在那一刻像短路了一样，条件反射似的哭着扇自己耳光对妈妈道歉，她的妈妈这时才哭着"原谅"了她。

　　还有一次，也是因为一些小事，妈妈生她的气，直接把她的微信拉入了黑名单。类似的事情有很多，从小到大，每一次都是她求妈妈原谅自己，哪怕她并没有错。这渐渐变成了她的人格底色。不管是在生活还是工作中，她一直都很压抑，不敢表达自己，没有边界感，常常受了委屈之后还对别人道歉。

　　这就是孩子为了拯救父母的情绪而失去自我的典型案例。当孩子和父母的关系出现问题时，孩子会通过委屈和牺牲自己来照顾父母的情绪。家庭治疗大师李维榕认为，家庭的症状会从一个人身上的问题反映出来，孩子通常是首当其冲地承担病人的角色。几乎所有的问题少年身上都可以反映父母的问题，而且大部分与父母的婚姻问题有关。

　　孩子会用自己的问题牢牢地牵制父母的注意力。我见过很多问题少年或问题少女，他们的身后通常有一对婚姻出问题的父母，或离婚，或冷战，而他们身上的问题有时候恰恰可以保住父母濒临破裂的婚姻。孩子这时忽然成了家庭的保护神，以致当父母的关系出现问题的时候，孩子就会主动做一些伤害自己的事情，期望拯救父母的关系。他们采用这样的策略，潜意识把父母的注意力转移到自己的身上。

如果父母的关系出现了矛盾，情绪出现问题，作为孩子，你能做的就是尊重他们的权利，也尊重他们的选择。每个人都有权利决定自己的人生，即便他们是你的父母，孩子不必对父母的人生负责，更不必对此内疚。

其实，孩子是明白这些的，他们对父母的爱带着纯真和幼稚。这让我想到另一个朋友，她说自己想起过去对待孩子的方式就自责不已，那个时候的她，常常因为一点小事就生气，生气的时候就会冲孩子发火。她还记得有一次给女儿梳头发的时候，发现牛角梳中间有几个梳齿断了，就以为是女儿弄断的，加上那段时间她正在和丈夫闹矛盾，于是把火气一股脑儿地发到女儿身上。她的妈妈看到后跟她解释，说是自己不小心掉在地上摔断的，不是孩子弄的。

朋友听到后非常难过，既觉得误会了女儿，又对自己的情绪失控感到自责。她当时忍不住哭了起来，结果她的女儿反过来安慰她："妈妈，我不怪你，长大之后也不会怪你。"

听到女儿这么说，她哭得更伤心了，她忽然意识到，原来孩子一直在默默地承担着她的情绪。

每一对父母都希望孩子听话，但他们经常听不到孩子的话；每一对父母都希望孩子懂事，但父母常常不懂孩子的心。很多时候，父母对孩子的爱往往是附有条件的期望，而孩子对父母的爱常常是纯粹的。孩子会让自己受苦，为的是和父母在情感上保持一致，这样做会让孩子感到自己仍然是和父母在一起的。孩子对父母的爱，不仅纯粹，而且还会幼稚得不带任何条件。

如果你是父母，你可以告诉孩子，父母的问题和情绪都是父母的，不需要他来承担，他的承担对解决父母的问题并没有帮助，而且会给自己带来痛苦。当父母有了这种表达之后，孩子就不会用委屈或牺牲的方式来替父母承担责任，何况，孩子本身就不应该为此承担任何责任。

在任何一个家庭里，孩子曾经为父母和家庭做出过这样或那样的努力，也曾经试图拯救父母的情绪、父母的关系，充当家庭保护神的角色。只不过很多父母看不到孩子背后的努力，孩子最后也失望了。这些问题的积累很有可能让孩子的心理变得扭曲，甚至有可能变得和父母一样糟糕。

每个成年人都曾是一个孩子，而每个孩子都曾有过一颗拯救父母的心。作为孩子，你不需要为父母承担人生的责任；成为父母之后，也不要让你的子女扮演拯救父母的角色。

第 三 章

旋涡，

亲密关系的分化

她和爱情的距离为什么那么远

她反复地说着一句话，说自己遇到的都不是爱情。

"不知道为什么，我总是很容易地放弃一个人，放弃一段感情。每次恋爱的开始总是很美好，但最后都会因为各种缘由而分手。现在很恨男人，对男人也很恐惧。过年也不想回家，怕被亲戚朋友问。每段感情时间都不长，甚至莫名其妙地就和对方分手了。"这是小 M 在最近一次分手后说的话。

她在自己的感情里很努力，甚至努力得有些纠结，但最后还是会轻易地选择放弃。她不明白，到底是自己不懂爱还是没有遇到对的人。她不想再这样下去，但好像一直陷入一个死循环，她想知道为什么爱情和她总是离得那么远。

　　我问小 M，在她眼里，什么才算是爱情。她的答案是不知道。她说父母离婚的时候把自己放到了姥姥家，让她在姥姥家待一段时间，可这一待就是五年。当时的她还不知道父母正打算离婚，小学阶段都是跟着姥姥过的，学校里也没特别要好的同学，对那时候谈不上有太多的记忆，无非就是每天学习。她那时觉得只要自己的学习成绩好，父母就一定会来看她的，她每天都在想父母什么时候可以接她回家。

　　她不知道父母为什么要离婚，只记得爸爸那时要离开她们去另外一个城市，但是妈妈不同意。那段时间，爸爸和妈妈经常吵架。不吵架的时候，爸爸会独自带着她出去，给她买零食，带她逛公园。她对这段记忆很深刻，那是童年记忆里仅有的温馨画面。之后，爸爸妈妈就离婚了，她再也没见过自己的爸爸。接着，她离开了姥姥家，和妈妈一起生活。

　　在很长的一段时间里，她都在怨恨自己的妈妈，觉得是妈妈把爸爸赶走的，因为妈妈的脾气很暴躁，她经常被妈妈责骂。她记得妈妈爸爸吵架时的场景，歇斯底里的妈妈和忍气吞声的爸爸，虽然她不知道父母之间发生了什么事情，但她把父母离婚的原因归咎在妈妈身上。

我问小 M 如何看待父亲的离开，她还是说不知道。沉默了一会儿，她又说："换成自己，也不想和妈妈一起生活，妈妈的脾气太差了。"

"但是爸爸也离开了你，是吗？"我小心地问了一句。小 M 很长时间没有说话，之后流着眼泪说："我希望有个人可以照顾我，守护我，到最后才发现，我只是需要陪伴而已。"她一直在等爸爸，那个给她买零食、带她逛公园的爸爸，那是她记忆里为数不多的温馨画面，也是最理想化的人生画面。

她一直在等着自己理想化的爸爸可以回到自己的身边。然而她忽略了，爸爸不仅离开了妈妈，也离开了她。所以，她和妈妈一起生活的时候，她对妈妈产生了怨恨。她忽略了面对爸爸的离开带给她的真实感受是什么。当然，让一个孩子面对被父亲抛弃的现实，那样太过残忍，所以她启动了自己的心理防御，以保护自己的内心不那么受伤。她用这种方式，把不能接受的事情变成可以接受的状态。

当我们把事情进行合理化的时候，会有各种各样的理由，以此解释让人痛苦的事情。合理化是一种心理防御，它让你通过否认现实的方式给自己找到各种各样的解释来缓解难以承受的情感。就像小 M 面对爸爸的离开，她给自己找到的理由是爸爸无法忍受妈妈的坏脾气。是的，爸爸可以离开坏脾气的妈妈，但不意味着也要离开女儿。小 M 无法面对被爸爸抛弃的这个现实，所以给爸爸的行为找了一个合理的理由。

这样的心理防御在早期可以让人没有那么痛苦，但这并不适用于每一个阶段。合理化的防御机制表面上起到了作用，它让小 M 的内心没有那么痛苦。同时，小 M 的内心却又清楚地知道真相，所以她的亲密关系会反复出现问题。因为在她启动合理化的防御机制时，可以让她被爸爸抛弃的情绪得到缓解。以前她会怨恨妈妈，现在她把这些情绪转到了亲密关系中，她在亲密关系中找到了释放的出口。

就像小 M 说的，每段感情开始的时候总是很美好，但最后总会因为莫名其妙的理由而分手。因为当两个人的关系越来越亲近，她内心中被遗弃的恐惧感也会随之增多，当恐惧感弥散到整个身心的时候，恐惧就会转化成愤怒。当她和男人的关系变得越来越亲密的时候，心里也有了察觉不到的敌意。

合理化的防御机制让小 M 看不到自己真正的情绪指向。她内心深处认为男人总会抛弃她。而她把对父亲的愤怒置换到和她交往的每一个男人身上。她不能允许自己出现对父亲的愤怒，如果表达了愤怒，也就意味着她需要承认父亲抛弃她的事实。这就是小 M 和爸爸的距离，她没有真正看到自己的父亲，她看到的是一个理想化的父亲形象。这也是小 M 和异性的距离，她可以和男人做普通的朋友，但一旦进入亲密关系，她就会出现各种的恐惧和纠结，最后莫名其妙地结束关系。正因为如此，她才会觉得自己和爱情的距离很遥远。

我们的亲密关系模式很容易受到父母的影响，比如现在很多恐惧结婚的男女，其中一个很重要的因素是害怕重蹈覆辙，所以没办法建立长期稳定的亲密关系。人是很矛盾的个体，我们常常会害怕失去一段关系。但是当我们内心的恐惧出现时，可能又会率先结束这段关系。看起来是你放弃了，其实是你害怕被抛弃。因为当我们先提出离开的时候，就可以避免经历再次被抛弃的痛苦。

关系，只有在关系中修复，而修复的前提是承认自己的痛苦。如果小 M 可以承认被父亲遗弃的事实，就可以慢慢地放下那个理想化的父亲形象，就能够结束那些理想化的等待，也可以释放那些置换的情感。只有这样，她和爱情的距离才可以更近一些。

依恋关系：内在的防御与分裂

在生活中，我们经常会看到有些人一旦恋爱或者结婚，就把一切投入到另一半的身上，说什么话、做什么事都会以对方为中心，跟着对方的情绪而有喜怒哀乐之感，总是跟着对方的需求而作出选择。试想，这样的爱情和婚姻真的会幸福吗？

其实，这是一种爱情至上的思维模式。在恋爱中会放下自己的一切，把生活的重心全部放在对方身上，有些像网络上所说的"恋爱脑"。

爱情是一种美好的情感，每个人对爱情都有不同的理解和定义。想要了解爱情是什么，有一个很好的方法，就是反过来看看爱情不是什么。曾奇峰老师曾经说过这样一个案例，有一个聪明、开朗的女孩，她很容易结识朋友并且打得火热，她有很多朋友是好到形影不离的，但最后大多都断了联系。她曾经谈过几次恋爱，结果都是对方主动离开了她。这是为什么呢？

从旁观者的角度来看，这个女孩太"好"了，对朋友和伴侣都好到没得挑，但她同时希望别人也可以像她一样。这在无形中给人施加了一种压力，这种压力对关系是不利的，而压力本身来自这个女孩把很多东西都投射到对方的身上。

爱情意味的是一种非常亲密的关系，而我们对亲密关系的认知和学习，最初都来自和父母的关系模式。像上文中提到的女孩，其实是她把自己从父母那里学来的模式带到了自己的友情和爱情中。她很容易和别人拉近距离，变得亲密，同时因为她对关系的投入，希望对方也能同样地对待自己；而一旦对方没有做到，她就会很失望，但她未必表达自己的情绪，可能会加倍地付出。这让关系变得沉重了起来，尤其是在亲密关系里。

这样的关系呈现出母婴化的态势。所谓恋爱关系的母婴化，是指两个成年人之间的恋爱关系变得像母婴关系一样，把所有的依恋、信赖、需求都寄托在对方身上。这会让关系变得非常沉重，也让关系里的人感到很累，想要逃离。如果亲密关系中的两个人是处于这样的状态，这会让双方连呼吸的空间都没有了。

为什么恋爱关系会变得母婴化呢？要了解这种呈现的本质，就要先了解心理学所说的自我边界。婴儿无法分辨自我和外部世界之间的界限，因为婴儿的需求不能靠自己满足，而是有一个重要的客体在满足他，这个重要的客体就是妈妈。所以在婴儿的内心会产生这样一个保护膜——他和妈妈是融为一体的。我饿了，妈妈就来了；我不舒服哭了，妈妈就来了。随着婴儿的成长，他会发现自己和世界好像不是一回事，饿的时候，妈妈不会马上来喂他；不舒服的时候，妈妈也未必会马上出现。在这种情况下，婴儿的自我意识就开始萌生了，之后会越来越能区分自己和他人的不同、自己和外界的距离，这就逐渐产生了自我边界。

当我们坠入情网的时候，就意味着自我边界的一部分消失了，两个人在这个时候会有融合为一体的感觉。与心爱的人在一起，让我们唤醒了早期与父母共生无边界的美好体验。然而，现实会提醒我们，日常的琐事、相处的习惯、彼此不一样的观念与想法，这些会让在一起的两个人产生各种各样的矛盾和冲突。这个时候，我们就会不得不从共生的融合状态恢复成两个不同的个体。如果想要避免亲密关系的母婴化，我们就必须面对彼此的真实，学会真正的相知和相爱。只不过在很多时候，我们看不到对方的真实，只能看到自己的需求。

除了恋爱关系的母婴化，还有一个问题也是恋爱中最常见的，就是很多人对爱情有一种误解，这个误解就是把爱当成人生的全部目标。我们常常会在失恋的朋友那里听到类似"如果没有这个人，我活着还有什么意思"的话，这句话的背后当然是爱情，但这样的爱情是否隐藏着无意识掺入的共生心理呢？换句话说，这样的爱情，可能从开始就不是自由的，而是出于依赖才选择在一起的。

每个人都会有依赖的需求和渴望，健康的状态是承认这种需求的合理性却不会让它控制自己的生活。如果让依赖牢牢控制我们的一切感受，那它就不再是简单的渴望，而是对关系的共生，我们在这时会把所有的人生价值都寄托在对方身上。

这样的情况在很多人身上都有体现，尤其是女生。因为父母的疏忽或是重男轻女的环境，她们从小没有和父母建立良好的依恋关系，导致自己很自卑，缺乏安全感，非常渴求亲密关系,在亲密关系中甚至愿意为对方付出一切,这样的女生在感情上常常会走很多弯路。

《少有人走的路》里面提到了一个案例,一个年轻漂亮的女孩,在二十岁左右的时候和很多人交往过,这些男人大多都很落魄,在各个方面无法和她相提并论。但这个女孩不管和哪个男人交往,都会像爬藤一样把对方越缠越紧,把自己的一切投入到对方身上。结果,男人觉得透不过气,双方开始为了各种事情争吵,然后结束恋爱关系。女生在很短的时间里又会和下一个人打得火热,毫不在乎对方的人品和性格,然后继续之前的恶性循环。

对于这样的人,只要有人可以依赖,只要心里有一个归属,其他的好像都变得不再重要。如果把爱情当成人生目标,就会让人陷入另一种对失去的恐惧,这会导致很多人在亲密关系中付出更多,同时带给对方的束缚也会更多。

"恋爱脑的临床表现就是作天作地,打过去五十个电话,居然只接通了四十九个,于是开始逼问对方是不是喜欢别人了。"这是我看到一个网友说的话，虽然有调侃的成分，但说的意思大致符合。

在缺少爱与关注的环境下长大的孩子，成年之后会怀疑自己的价值，所以一旦抓住一段关系，就像是抓住一根救命稻草一样，不顾一切地寻求他人的爱和关注，因为只有这样，才能让自己有安全感，体现自己的价值。因为害怕孤独和不安而选择恋爱或结婚，往往难以得到真正的幸福。把爱当成人生的全部目标，往往换不来想要的结果。

理想的亲密关系，是个体的彼此依赖又相互独立，而真正的爱情是可以让两个人共同成长。爱与被爱，都不应该成为对方的附属品。

你是珍贵的，你们的爱情才会珍贵。

当我们失去自己

有一对夫妻，他们经常因为一些小事吵架。有一次，妻子计划周末带孩子自驾游，因为车停在车库太久没开，有很多灰尘。她让丈夫提前去洗车。周六的早上，丈夫起床之后，没有跟她打招呼就出门了。她觉得很奇怪，一大早跑出去干什么，而且什么也没说。于是她给丈夫打电话，问他在哪里。丈夫告诉她去洗车了。她这时候忽然有一股无名火窜了上来，对着电话吼道："这事有这么重要吗？重要到你一大早就跑出去，也不和家里人打个招呼，啥事不干就往外冲！"

她的丈夫在外地工作，每个月回家一两次。她想到丈夫这么久回家一趟，出去也不打个招呼，越想越气，在电话中让他回来。丈夫回来后，她仍然有很大的怒气，揪着老公问："你为什么就要这个时候跑出去，为什么不能打个招呼再走？"于是，他们就为这事吵了起来，她用很难听的话骂了丈夫。其实这并不是一件涉及原则的事情，让丈夫洗车还是她提出的，可为什么她会如此愤怒？也许，让她愤怒的并不是这件事情本身。

爱和愤怒的感觉，通常与它们所指向的对象密不可分。

客体关系理论指出，自我与他人的关系形态一旦建立，就会影响其日后的人际关系。以父母和子女举例来说，大多数情况下，如果父母满足了孩子的情感需求，孩子会因此发展出积极的关系模式，而在需求没有被满足的时候，就会发展出消极的关系模式。

如果儿童在早期和养育者的关系中，在情感中感到更多的是满足而不是挫折，他们就会学着信任他人，并对未来的关系形成健康的预期。如果孩子不断地感受到情感的挫折，他们就会变得难以信任他人，并有可能对未来的关系形成有问题的预期，这让我想起心理督导课上的一个案例。

有个女生赶着去上班，登上公交车准备刷卡的时候，发现公交卡并没有在包里。这时，她发现钱包没有零钱，这种情况应该怎么办？公交车是无人售票，司机不可能跟她换零钱。她问了前排的几名乘客，但是他们使用的都是公交卡或手机，基本不带零钱。她还想问问后排的一些乘客，但扫了一眼，好像没有人愿意帮她。如果下车去换零钱就肯定会迟到。这时候，她内心开始越来越愤怒，拿出了十块钱扔进了投币箱，并且骂了几句脏话。

这是她经常出现的一种行为模式，她很难控制自己的脾气。她清楚地意识到，有时候会因为自己的这些情绪引起很多不必要的麻烦，但这个时候她就是控制不住自己。而她去做咨询最初的目的，就是因为和男友相处的过程中，她经常处于情绪失控的状态，两人不断地争吵，以至于现在面临着即将分手的情况。

表面上看，她的愤怒是因为他人不如她的意，但在意识层面，她自己知道公交车上没人需要如她的意。所以她对自己的无名火也非常头疼。无名火，就是无处发泄的怒火，无处发泄的意思就是攻击性找不到可以指向的对象。所以，她积压的情绪会在最可以亲近的人身上爆发出来，这种爆发常常会破坏自己的亲密关系。

还有另外一种情况，就是他们内在的冲突和情绪不会在任何关系中呈现出来，因为他们拒绝了所有的关系。比如，孩子想跟爸爸妈妈出去玩的时候，每次父母都说没空，让孩子自己玩去，或者对孩子说有事要忙，于是孩子就不敢去提出这样的要求。时间积累下来，就会出现一个比较普遍的结果，这个孩子性格会发展出内在的冲突，并且把它结构化。

所谓内在的冲突，就是说孩子想跟父母亲近，但是亲近会遭到拒绝，孩子会失望，但是他在意识层面接受了父母工作很忙的信息，所以孩子内心的冲突会通过心理防御来形成一种结构，在不同的关系里都有一种意识——凡是我想去亲近的，我都很有可能会被拒绝。

这种结构化会伴随孩子去面对其他的人际关系，孩子就会在处理和其他人之间的关系时带上这个结构化的认知。比如，他喜欢一个人，但是他不敢去追求别人，担心自己无论说什么、做什么到最后都会被拒绝；他在工作的时候遇到一个机会，他也不敢去努力争取，结构化的反射弧会告诉他，争取的结果往往是被拒绝。这就让这个孩子过着一种自我受限的生活。这种结构化的东西会严重影响一个孩子的成长，让他的生活过得非常别扭，生活质量当然大打折扣。他们要么觉得别人都在敌视自己，要么觉得别人都会拒绝自己。

我们的内心如何看待自己，恰好是我们把养育者对待我们的方式内化在我们的心里。于是，当我们遇到类似的情景时，我们就会不自觉地想象可能会发生的事情，从而产生负面的情绪。

曾经被否定的孩子，在亲密关系面前会变得极为敏感，对方不经意的一句话，就可能被他理解为是对自己的指责或抛弃，也会因此愤怒；曾经被忽略的孩子，在恋人面前会变得非常较真，对方不经意的一个动作，都可能被他误认为是对自己的忽视而难过。这些让我们在面对亲密关系的时候把亲密关系母婴化。我们想让对方变得更理想，把对方投射成理想的父母的样子，把自己变成孩子，可以随时得到理想父母给予的情感满足。这是为了满足相互对关系的渴求，但同时也是在借着亲密把对方推开。因为没有人可以成为他人理想化的化身。所以，亲密关系一旦建立，理想化就会慢慢破灭。健康的亲密关系，是两个独立个体的关系，他们的内在世界是饱满的。

建立一段健康的亲密关系，意味着两个人的人格独立，因为独立，才不会想着改造对方，能够接受和包容对方。只有这样才能建立起稳定而坚固的亲密关系，而不会为了满足各自内心的需求而改造对方。

一段不健康的关系，更像是纠缠在一起的，因为我们把自己迷失在另外一个人身上。你想从对方身上获得一些什么，那个部分对方却未必能给你，而你对此非常执着，执着到失去了自己。当我们失去自己的时候，我们可能就会失去这段亲密关系。

我们总想改变对方却又拒绝看清自己

一个人是否可以幸福地生活，取决于是否可以真实地面对自己，但是生活中，我们总是在改变别人，而不是关注自己。有位读者曾经给我留言，她说自己的丈夫不顾家，两个人也经常吵架，这让她很痛苦，不知道怎么办。她觉得丈夫如果可以顾家一些，两个人就不会有这么多的问题了，因为他整天不着家，也不管孩子，她对丈夫很愤怒，见到他的时候就心烦，想和他吵架，甚至想动手打他。

看到留言之后，我建议她在所在城市做一次心理咨询，看看她和丈夫之间的问题究竟出在哪里，但是她没有接受。她只想要一个直接的解决方法，并且认为我是咨询师，我可以提供一个方法让她的丈夫改变。

给我留言的这位读者，她希望丈夫可以顾家一些，但丈夫回家的时候，她又开始攻击对方，这明显地变成一种恶性循环。她的丈夫很可能会为了避免这种冲突而越发不想回家。仅凭她的几句留言，我并不能完全知道她和丈夫之间发生了什么，但是从她的话里可以看到她本身对丈夫有很大的怨气，这些怨气不仅是因为丈夫不顾家、不管孩子，可能还有别的原因。

我能看到的是，她和丈夫之间的冲突在于她想要的伴侣不应该是现在这个样子。这也是亲密关系中最常出现的冲突，一方想要改变另一方，而另一方不愿意被改变。通常我们在恋爱的时候，内心会有很多想象，想象自己和伴侣在以后的生活里是什么样的，想象两个人的关系有怎样的发展，但是在很多时候，我们会因为那些理想化的想象而忽略了真实。因为在这个阶段，亲密关系中的两个人就像是一体的，你中有我，我中有你。这种感觉当然非常美好，我们把所有完美的想象都放到了对方身上，觉得对方的一切都是好的。然而，陷入爱情的人往往是不自知的，甚至可以说，陷入爱情的人很容易进入迷恋的状态。

有一个名人的例子可以很好地说明这一点，这个人就是李敖。李敖说自己第一眼看到胡因梦的时候，就完全被她的美貌给迷住了，虽然他当时已有未婚妻，但还是向胡因梦求爱了。但是，这对才子佳人的婚姻只维持了四个月就宣告结束，因为李敖在生活中发现自己对胡因梦的完美想象破灭了。

当幻想慢慢破灭的时候，你会感觉自己看到对方身上更多的缺点。于是，我们会觉得，对方怎么会是这样的一个人呢？为什么和自己的想象不一样呢？

幻想和现实碰到一起带来的反差让人很难接受，于是，两个人开始爆发冲突，互相撕扯，希望通过这样的方式让对方变回想象中的那个人，但实际上是不可能的，这时候的亲密关系已经进入了"战争"的阶段。

我的一位朋友形容自己的亲密关系时，用的是"相见不如怀念"。她和男朋友异地恋，有时间就会互相发消息、打电话，但是当两个人结束异地恋的状态，生活在一起的时候，总是因为各种各样的小事吵架，那种感觉有点像相见不如不见。因为在她的心里，男朋友有一个理想化的形象，而在真实的生活里，发现他并不是那个样子。反过来，在男朋友的心里，对她也有一样的感觉。

当两个人分隔两地的时候，她对男朋友是充满期待的，两个人的距离虽然遥远，却不妨碍两颗心紧紧相连。当两个人抱着巨大的期待在一起生活之后，幻想逐渐破灭，关系变得紧张起来，彼此都想让对方变成自己想象的样子，这为两个人在生活中的冲突和矛盾埋下了一个"伏笔"。同样，我们见到有些夫妻在离婚的时候，双方变成如仇人一般，也是这个原因。那么，我们应该怎么化解这个冲突呢？

　　首先就是要认清自己的幻觉，看到对方的真实存在，学习和真实的对方相处。比如文章开头提到的那位读者，如果她老公真的是一个不顾家的男人，心思完全不在这个家里，那对她来说，就是要看清这个男人真实的、本来的样子。可以肯定，你遇到的那个人，是这个真实的存在、这个真实的人，而不是我们想象中的那个人。接下来你需要作出选择：不能容忍对方这样的行为，果断离开；和他进行一次深度沟通，把所有的问题都摆出来，找到关系变坏的原因。

　　很多时候，我们不愿意面对关系的真实。不能面对真实，就无法承认自己的问题。不放弃，也不能接受，而是执着于改造对方，这是一种消极的选择，这样的方式对关系的修复没有任何积极作用，只会让两个人的距离越来越远。

　　我们在幻想改变对方的时候，不经意会把自己的幸福交出去。亲密关系需要双方接受彼此的真实，两个真实的人生活在一起的时候，真实的爱才会更好地流动起来，这种因真实而生出的爱，才是我们最需要的。只是，亲密关系中最大的遗憾是，我们总是想改变别人，却拒绝看清自己。

当期望变成权力

每个人都会有期望，期望不是问题，如何面对自己的期望才是我们需要注意的。期望是亲密关系中非常重要的一部分，甚至可以说对彼此的期望值是双方情感距离的体现。你不会对一个陌生人抱有什么期待，只有对亲近的人拥有期待，人与人之间的关系越来越亲近，就会对彼此生出新期待。

期望有时候是希望在对方身上看到自己的价值与美好。我们会对亲近的人发出各种期望，比如恋爱时，女生会希望男朋友更在乎自己、花更多时间陪伴自己等，反过来其实是一样的。但是，不是所有的期望都能实现，当你把对方放到生活里的重要位置时，如何面对自己的期望和期望落空后的感受，这才是关键。

当对方没有符合我们的期望时，我们会责怪对方，甚至让对方感到内疚。有位女生是新媒体工作者，遇到新闻热点的时候就要马上准备第二天的内容，常常加班到深夜。男朋友很担心她的身体，常常提醒她早点睡觉、别熬夜，女生开始觉得男朋友关心自己，觉得暖暖的，但后来就有些变了。她的男朋友睡得比较早，见她总是熬夜，就赌气和她一起熬夜。这让女生很内疚，于是她也尽量早睡，可她既睡不着又惦记工作，更对男朋友生气。她感觉自己像被控制了一样，如果满足了男朋友的期望，就好像没有了自我。男朋友这时的期望变成了权力和控制。

期望是出于自己内心的选择，是对未来有所等待的希望，而不代表是必然的、有要求的权力。我们当然可以有期望，可以期望对方变得更符合我们的所思所想，可以期望双方的关系可以更长远，这代表你对关系的投入和信任。但要记住的是，我们需要为自己的期望负责，而不是要求对方来满足自己，更没有权力去要求对方一定要实现。期望是内在需求的反映，而不是权力的意志。

如果我们各自为了自己的期望去要求和控制对方，关系就变成了权力的斗争。很多感情因爱生恨，常常因为把自己的期望当成权力。当你用权力要求和控制对方的时候，两个人之间的爱会减少，而怨恨在增加。

关系越是亲密，我们越会渴望和对方融合在一起。这时候，彼此的期望就会变得更高，如果我们分不清期望和控制，当期望值没有被满足的时候，双方就会因此感到痛苦。对方没有达到自己的期望值，会觉得对方不在乎自己，甚至会产生被抛弃的感觉；自己没有达到对方的期望值，又容易自责和内疚，感到无法承受的压力。这个时候，双方都可能害怕失去，而害怕又会促使双方重演一轮权力斗争的游戏。当然，也可能会让彼此重新考虑这段关系是否应该继续发展。

这种带有权力控制的期望不仅在亲密中出现，在亲子关系中也常常可以看到。比如很多父母常常会用哭的方式来表达自己的情绪，孩子不听话或者没有符合自己的期望，父母在孩子面前一哭，孩子就容易内疚，父母觉得这样的方式是可以让孩子有所转变的。

一位朋友在大学毕业后想去大城市发展，而他的父亲希望他能留在本地，当他和父亲表明自己的想法时，父亲竟然在他的面前哭了起来。父亲的眼泪让他很难受，但他还是去了大城市。我的这位朋友一直忘不了父亲在自己面前落泪的情景，他觉得很内疚，同时伴有一种愤怒。混杂着这些情绪，他离开家乡后发过一场高烧。

权力控制的期望常常让人觉得边界被入侵，我这位朋友说他每次想起父亲在他面前流泪的场景，心里就非常难受，而离开家乡之后的高烧，仿佛是在表示，父亲的眼泪有毒，需要通过发热的方式蒸发父亲入侵到他心里的眼泪。

如果在关系中的你，特别容易内疚和自责，总想去符合别人期望的话，这时需要去查看自己的内心。内心总想符合他人的期望，其实是自恋在作祟。因为觉得自己本可以满足对方的期望，甚至满足对自己有所期望的所有人，却因为没能满足而产生了内疚。

内心的期望演变成权力也是自恋在作祟。自恋"发作"的时候，无论多么亲密的关系，我们的行为出发点只会从自己出发，但是我们只是考虑自己的所思、所想和所见。所以，我们常常把自己内心勾画出来的画面，想象成对方必须为我完成的蓝图。太自恋的人，认为自己想到怎么样，对方就需要怎么样；如果对方没有做到的话，就破坏了内心的自恋感，所以，错误在对方的身上。我们可以和对方表达自己的期望，但也要记住，这是自己内心的想法，如果对方不符合自己的期望，也并不是我们可以责怪对方的理由。

也许真正让我们难受的并不是对方做到什么或没做到什么，而是我们对他人做到与没做到之间，赋予了一种什么样的意义。

每一次当爱在靠近，就想着如何躲开

很多人都有过这样的内心体验，爱一个人之前，先体验到的是爱而不能，渴望爱的时候却感到对爱的绝望，一旦和人开始亲近就害怕分离。就像刘德华的《谢谢你的爱》中的一句歌词——不喜欢孤独，却害怕两个人相处。

有位女生给我留言说，她觉得自己是个很懦弱的人，因为害怕最后会失去，所以一开始就不敢拥有。她说自己的长相平平，能力也不出众，从来不觉得自己可以得到别人的喜欢，但某一天，一个男孩子对她表达了爱意。面对这份爱意，她感到的只有惊慌失措。她知道自己要拥有一段亲密的关系，有一个可以依靠的肩膀，但她害怕把情感寄托在别人身上，她总觉得拥有就是失去的开始。她想知道自己到底是怎么回事？

看到这位女生的留言，让我想到曾经的一位男性来访者，他说自己的内心深处有一堵墙，哪怕是最亲密的人，碰到的时候也会被弹开。他说自己有时候会让对方很伤心，但再多的喜欢也控制不住自己想要推开对方的冲动，哪怕知道对方很在意自己，哪怕知道自己一样很在意对方。

在亲密关系中，我们都会变得很脆弱，从某种程度上说，每个人都是穿着盔甲的刺猬。我们的内心有三层结构，外面是保护层，中间是感受层，里面是真我层。当两个人的真我相遇，彼此都会共情，会感到彼此的心是如此靠近，但这样的机会并不常出现。我们多数时候遇到的都是彼此的保护层。

我们都渴望爱，但是我们更害怕伤害，所以会把真我的部分保护起来，穿上带刺的盔甲，甚至当别人靠近的时候，你会忍不住刺伤对方。这是因为我们都曾经敞开自己，也在敞开自己的过程中受伤，虽然是已经过去的事情，但仍然会记得受伤后的感受，它就像一层厚厚的皮肤，包裹着真我的部分。

感受层的存在就像在时刻提醒自己，每一次你在敞开的时候，它在告诉你可能有危险，而保护层的存在是为了让你免受这些困扰。

有位朋友和我分享过她的感受。她学习成绩很好，很受老师和同学的关注，和同学关系也很好，但她说自己常常有一种虚幻的感觉，她不相信会有这么多人喜欢自己，因为她没有感受过父母的爱。在她的心里，她觉得如果连自己的父母都不爱自己，别人也不会爱自己的，老师和同学对她的喜欢肯定是假的，是不可靠的。因此，她很难相信别人，也很难建立有信任感的亲密关系。

当别人喜欢她的时候，她开始觉得恐惧，害怕自己喜欢的人并不能信任而再一次失望，害怕喜欢的人会讨厌自己而选择离开，让自己再一次受伤。所以，她要在这些痛苦发生之前关起心门，把对爱的渴望压下，让自己不再生出对爱的渴望，这样就不会受伤了。对她来说，生出对爱的渴望的同时，还会随之有羞愧和恐惧，这让她变成穿着盔甲的刺猬，不是不想爱，而是太过恐惧再次受到伤害。

每个人在成长过程中都会形成自己的心理防御，其中也有一种情况是通过攻击对方来表达自己的情感。我的一位朋友说起过她在上中学的时候，班里有一个男同学曾经恶作剧似的跑到她身后，然后用膝盖撞了一下她的腰，差点把她撞倒在地。那个时候的她很生气，也觉得对方莫名其妙，之后再也没有和对方说过话。多年之后，我的朋友成为心理咨询师，和我说起这个往事的时候，才意识到那个男生的行为是因为喜欢她。这种情况并不少见，很多人小时候不懂表达，都有过类似的行为，只不过这样做很幼稚，也会让对方陷入混乱。

还有一种情况是，我们有时会通过冷漠的方式来表达自己的情感。有位女生说她很想念男朋友，但她从来都不表达，她觉得只有男朋友主动找她的时候，一切才有意义。当男朋友找她的时候，她可以回应，但如果她找男朋友又得不到回应的话，她会觉得内心有崩塌的感觉，所以她从来不表达她的爱。

这种冷漠的背后是害怕得不到回应。对没有安全感的人来说，总是喜欢在关系中等待，等待对方找自己，等待对方向自己靠近；只有这样，他才有自信迈出自己的那一步。

如果你喜欢一个人，渴望和对方亲密，你需要去觉察自己心理防御的那个部分，放下那些保护你的盔甲和武器。这并不容易做到，因为主动放弃自己的保护层，曾经受伤的痛苦和恐惧都会涌现，你会担心对方给你造成再一次的伤痛。所以，我们看到很多人会有言不由衷的表现。同样的，如果你喜欢一个有盔甲的人，你渴望和对方建立亲密关系，也不要轻易被对方的自我保护方式所蒙骗，那不过是为了保护自己曾经受伤又脆弱的真我，你要试着用理解和爱融化对方的保护层，触碰最真实的部分。

有一部只有一分多钟的圣诞节短片，看完之后却让人感到无比的温暖。故事很简单，新来的转学生小刺猬，背后的尖刺总是伤到身边的同学，因为没人敢靠近，小刺猬只好孤单而难过地待在角落。有只小狐狸也被小刺猬不小心刺到过，但一直默默地关注着小刺猬。圣诞节那天，小狐狸好像在和同学们商量着什么有趣的事情，小刺猬不敢靠近，只好落寞地待在一边。当大伙离开时，小刺猬独自走出教室，看到小狐狸和其他同学都站在门外。大伙送给小刺猬一个别出心裁的礼物——用泡沫球把小刺猬身上的刺包好，然后拥抱他。

每一个人的外在都可能带着盔甲或尖刺，而内心的真我却是不为人知的温柔与脆弱。愿你能放下自己的盔甲和尖刺，去拥抱爱你的人。

你是害怕被抛弃，还是需要被嫌弃

有位读者留言说，她在亲密关系中总是产生逃离的想法，男朋友对她很好，两个人见面的时候也很开心，但她就是隐隐感觉自己想逃离这段关系。这还不是最重要的，最重要的是她因为逃离的想法开始不断地"作"，连她的闺密都有些看不过去了，认为她迟早会搞死这段关系。她不知道自己为什么会这样，明明男朋友一切都很好，可她有时就是不想见到对方，她会关掉手机，也会删除男朋友的微信。当男朋友找不到她的时候，她又会为此生气，之后再对男朋友发脾气。

你是否也曾遇到这样的伴侣，你对她越好，她越想要逃。但是你停下来的时候，她又会认为你不爱她了。她很在意和你的关系，但似乎无法有真正的亲密，如果关系开始深入发展，她的身上会出现各种状况来"折磨"彼此。

为什么有人在亲密关系里会变得这么"作"呢？这种情况反映的其实是这个人内心的焦虑，为了防御这种对关系的焦虑，潜意识会推动人做一些破坏关系的事情。就像这个女孩一样，她想逃离的不是和男朋友的关系，而是内心的痛苦和焦虑。

有这样一个案例，一位新手咨询师遇到了一位很配合的来访者，整个咨询过程很顺利，也有一定的效果。当时咨询师很高兴地说，他们这次咨询的进展很好，没想到来访者突然说出一句"你肯定是想抛弃我了"。这位咨询师当时很诧异，一次效果很好的咨询为什么会被来访者理解为抛弃呢？他随即就明白了过来。

对案例中的咨询者来说，之所以会有这样的反应，就是因为他对关系的焦虑而产生的防御。这位来访者在童年时期，虽然他的妈妈很爱他，也很照顾他，但因为经常加班的原因，没有很多的时间陪伴他，有时候，他在一觉醒来之后就见不到妈妈了。他的妈妈也很内疚，所以有时间的话，会加倍地对他好。这给还是孩子的他带来了一种感觉，妈妈好像隔一段时间就会消失，而且只要妈妈在，就会很照顾他，可这种被照顾的感觉又意味妈妈可能很快就会离开。

孩子不能完全理解成年人的世界，但在孩子的头脑里会形成一种逻辑，即好事到了一定程度就会变坏。所以，他会觉得每当妈妈对他很好的时候，其实就意味着妈妈要离开他了。这让他很矛盾，既想得到妈妈的照顾，又害怕妈妈照顾之后的离开。所以，才有了"你肯定是想抛弃我了"那一幕。

因为类似的经历，很多人在和别人接触或交往的时候，这种潜藏的焦虑可能会慢慢显现出来，尤其是在亲密关系中更为明显。这也可以解释文章一开始提到的那个女孩，为什么对自己的男朋友那么"作"。她觉得男朋友可能会抛弃她，内心曾经有过的愤怒和焦虑全部释放在了男朋友身上。即使没有人会离开她，她也觉得别人会那么做。她为了防御内心对亲密关系的焦虑，通过各种"作"来离开对方或者逼对方不得不离开自己，她在无意识地去攻击这份关系。

对方随时可能离开自己，这是一种会失控和无法预料的状态，让人感到很痛苦，与其这样，还不如自己主动出击。但在这种主动出击的时候，她也攻击了关系，最后把关系搞砸了。

同样，案例中的咨询师说咨询的进展很不错的时候，来访者马上觉得坏事要来了，他说出那句"你肯定是想抛弃我了"是在用这种防御方式掩盖他的痛苦和焦虑。对他来说，咨询有效果就意味着咨询的结束，和咨询师刚刚建立起的关系也要结束，这激发了他对关系的焦虑。他说的那句话在我们听来是突兀的，但我们要明白的是，那句话的真正意思是，请你不要抛弃我。

每个人所用的防御机制，其实都来自童年时期的经历。正如文中提到的来访者，他的妈妈在家的时候对他很好，但是在家的时间却不固定，对孩子来说，他无法面对醒来时妈妈的消失，这个过程就在他的心里形成了一种防御，即"对我太好就是关系消失"的提醒，这也就形成了他的一个内在模式。在他今后的人际关系中，每当一个人对他好，或是这份关系正在朝着好的方向发展时，他就预防性地对那个对他好的人"使坏"，防止对方离开之后，自己会有无法承受的伤心。

如果看不到这一面，我们在自己的关系中遇到类似的情况，也会认为对方在"作"。如果我们见到了对方"作"，我们应该好好了解一下"作"的背后是不是对方有着很多的焦虑和恐惧。关系总是互相影响的，别人对你好，而你没有同等对待的话，对方会觉得自己明明付出了那么多却得不到回应，甚至还会引起你莫名其妙的攻击。在这样的情况下，对方可能会因为失望、无奈或愤怒，最终选择离开，结束和你的关系。从这个角度来看，我们可以这样说，

"作"的人害怕被抛弃，所以"需要"被嫌弃。

我们需要认识自己，而很重要的一步就是要认识自己的防御。在心理咨询的过程中，这也是很重要的一项工作。咨询师通常会让来访者意识到自己的某些行为是在启动防御，同时也会在咨询的过程中，让来访者了解自己的防御成因，是什么导致了他的防御机制。当我们知道自己在防御的时候，我们可以看到防御行为可能产生的后果，这样就能帮助自己更好地选择，否则你会抱怨，不理解为什么别人总是要离自己而去。

看到自己的防御模式，你就可以选择改变这样的做法。因为你并不是真的想破坏你的亲密关系，你只是出于内心的焦虑和恐惧才不停地"作"，看到你真正害怕和恐惧的内容，你就可以调整适应不良的防御模式，你也可能会因此收获不一样的亲密关系。

心理防御是自我的一种功能，倾向于用什么样的防御机制在某种程度上可以反映你眼中的世界是什么样的。同样的，当你能够了解自己惯用的防御机制，你就可能改变看世界的眼光和方式，改变自己的亲密关系和互动模式。

理解自己的防御机制，才能让自己的生命有更多的选择。

拯救者与受害者

你身边有没有这样的朋友，她经常跟你抱怨她的丈夫对她不好，你给她出了很多主意，提了很多建议，但是她就是不用或者告诉你没办法。你也很想帮助她，但你似乎也没有办法。这种没办法的状态其实也是一种共情，因为你们的潜意识都知道，如果你把她从婚姻的泥潭中拉了出来，她会更不快乐。正常来说，没有人愿意深陷泥潭，但如果你仔细观察周围的人，你会发现很多人就是在让自己陷入泥潭之中。

有位女性读者留言问我该如何挽救自己的婚姻，她说自己和丈夫结婚两年，她的丈夫总是酗酒，喝醉了就闹事，对她口出恶言，甚至还动过手。但她的丈夫酒醒后，又会认错求她原谅。之后，在同样的事情又一次发生的时候，她选择了离婚。离婚之后的日子虽然平静，但她过得并不好，丈夫经常给她打电话，要求复婚，说要好好照顾她，并发誓痛改前非。

她最后选择了复婚，尽管周围的朋友不赞成她这么做。复婚后，丈夫的确有了改变，但好景不长，两人孩子出生后，丈夫又开始经常喝酒，生活回到了原来的样子。有时候，丈夫在工作上不顺心，回家喝完酒之后甚至把家里的电视和冰箱都砸了。这一次，她不知道自己该怎么办了，因为她带着两岁的孩子，不能像之前那样想离婚就离婚了。她说自己对丈夫还是有感情的，不喝酒的时候很好。她问我应该怎么做，才能帮助丈夫改变，挽救自己的婚姻和家庭。

自己选择的路，为何让自己走投无路？也许问题的关键不是应该怎么做，而是她是否真的愿意从这份关系中走出来。美国心理学家卡普曼提出"三角形理论"，即每个人心中都有迫害者、受害者和拯救者这样的三角戏剧角色。在生活中，我们会有意无意地扮演这三种角色，并在这些角色中不停地切换。当你扮演了其中一个角色时，周围的人为了维持这个三角的平衡，就会无意识地扮演对应的角色。

在这位读者的经历中，似乎可以看到她游走在受害者和拯救者之间。她在自己的婚姻中是一个受害者，还因此离过一次婚，但放弃这段婚姻并不是她真正想要的，她想要的是拯救她的丈夫，挽救这段婚姻。所以，她既是受害者，也是拯救者。当她是受害者的时候，丈夫是迫害者，醉酒后会伤害她；当她是拯救者的时候，丈夫是受害者，因为丈夫受挫、酗酒，不是对她不好，而是丈夫遇到了挫折，某种意义上讲他也是无辜的。

她认为丈夫需要帮助，也认为不能让夫妻的关系影响孩子的成长，但是她唯独没有看到最需要帮助的人其实是自己，她把自己完全忽略了。有时候，人在潜意识中会选择过得艰难一些，以符合受害者角色的需要，希望有人可以发现和关注自己。

她在当一个拯救者的时候，她在拯救家庭，而她的拯救行为却是童年关系的强迫性重复。她说父母在自己小时候吵架或冷战时，两个人都会把她推出来，好像她是维系父母婚姻的绳子一样。她被迫成为父母关系的拯救者，但是她并不是每次都可以缓和父母之间的矛盾。当她起不到作用的时候，她的内心会产生愧疚，觉得自己没有用；也因为她的感受经常不被重视，所以她开始只考虑别人，完全忽略自己的感受。

为了维护整个家庭，也为了维持爸爸和妈妈的关系，她从小不得不担任为别人着想的角色，而她作为孩子的存在是不被看见的。一直以来，她得到的关注很少，甚至对被爱已经不抱什么希望，觉得自己只配付出和牺牲，不配被更好地对待。似乎只有在拯救别人的时候，她才会有价值，才能找到自己的意义。于是，她希望通过拯救丈夫，拯救家庭来拯救自己。在她的想象中，如果能有一个方法让丈夫改变，她就会得到爱，就会幸福和完满。所以，她一直在受害者和拯救者之间游走，她把拥有幸福的权利放在了别人的身上。

改变一个人，很多时候是一个幻想，除非对方真的有这个意愿。曾奇峰老师说，把一个人该承受的交给本人，是对他人最高级别的尊重。其实，这也是对自己边界的尊重。一个人在小时候无法面对这个事实，也意识不到这个事实。当你还没有足够的力量面对这些丧失带来的痛苦时，幻想帮助了你，也是因为幻想，你才可以度过最艰难的岁月。最后，你带着自己的幻想成长，慢慢进入到亲密关系中。

应该怎么做，才能从自身的困境中走出来呢？我们首先要做的就是放下拯救者的身份。如果你的手里有一把锤子，那么所有东西看上去都会像钉子。从某种程度上来说，因为拯救者需要其他两个角色的存在，所以它培养出了受害者和迫害者。当你幻想自己可以做拯救者的时候，其实是你作为受害者的那部分还没有被疗愈。这时你需要看到自己内在那个受伤的孩子，那个真正需要得到帮助的自己。你需要面对自己的丧失，面对自己的恐惧和无力，面对你无法改变他人的事实和真相。当你可以面对这些事实的时候，虽然你改变不了什么，但是在这个过程中你一直在获得力量，一直在成长。

当你聚焦于自我成长，学会对自己负责，不把幸福寄托在别人身上，开始从自己身上找答案的时候，对其他人的担心将不复存在。

愿我们可以活出自己，只做自己生命的拯救者。

不断付出，最后却赶走了对方

有时候，我们在亲密关系里会感到精疲力竭，付出了很多，最后发现只有自己在付出。为什么很多人在关系中一直在单方面付出呢？对很多人来说，只有在付出的时候，他们才会感到安心。

阿梅是我心理课的一位学员，她来参加课程是希望知道她的丈夫为什么要和她离婚。她和丈夫是大学同学，从恋爱到结婚，虽然中间经历了分分合合，但两个人最终还是走到了一起。她说两个人在结婚之后相处得很好，自己的事业也有很好的发展，孩子也很听话。说起来，夫妻俩的性格也算是互补了，她的丈夫是程序员，性格偏内向，不爱说话；而她的性格比较外向，家里家外都由她操持，丈夫的一切也由她来安排。可不知道为什么，她的丈夫这两年的性情变了，和她说话时的声音变大了，教育孩子时候也不配合她，家里要装修也不问她的意见。对于这样的变化，已经习惯处理家里大小事务的阿梅很不舒服。她之前想过让丈夫来分担家里的一些事情，但丈夫懦弱的形象在她心里似乎已经定型，觉得他根本无法应付生活中的各种麻烦事。

两个人离婚的时候，阿梅问了原因，丈夫的回答是"感觉不到爱，在一起生活太压抑"。阿梅不明白，内向的丈夫看起来就很压抑，为什么还会怪到自己头上来？阿梅想不通，她那么辛苦地为家庭付出，照顾好丈夫和孩子的一切，甚至在工作上还帮他联系业务，他只需要享受这一切就足够了，为什么还要离婚呢？

阿梅说丈夫在提出离婚时让她觉得好陌生，丈夫好像从来没有对什么事情那么笃定过。阿梅觉得很害怕，她不知道自己哪里出了问题，明明全心全意地为家庭，而对方却一心一意地要离婚。想完了这些，阿梅开始感到愤怒，她把所有的问题归到了丈夫身上，觉得他没良心。阿梅开始和亲戚朋友诉苦，说自己很不容易，抱怨丈夫。这些行为当然没有让丈夫放弃这个想法，反而加速了离婚的速度。为什么每天在一起的伴侣，两个人之间却可以渐行渐远，彼此之间既没什么交流，也没什么情感的流动？

我们所有外在现实的关系，都是自己内在模式向外投射的结果。越是重要的关系，我们的内在部分就会在关系里面呈现得越多，在亲密关系里面尤为如此。阿梅没有意识到，自己所谓的全心全意为家庭付出，其实正在破坏她的亲密关系。当她谈及自己的成长经历时，我们发现，她用不断付出的方式去"拯救"老公，其实是她和父亲关系模式的强迫性重复。

阿梅说自己小时候经常看到父母吵架，妈妈经常在她面前骂爸爸没有本事，不会赚钱。爸爸表现得很懦弱，而妈妈总是很强势。父母吵完架之后，妈妈会气愤地摔门而去，而爸爸则会一个人在院子里待着。阿梅回忆这段经历的时候，我问她的感受是怎样的。她说自己很害怕，害怕就此失去爸爸，同时也觉得内疚，虽然她会安慰爸爸，但仍然觉得自己其实做不了什么。

阿梅害怕看到男人的懦弱的一面，她害怕面对自己对此无能为力而产生的内疚。她和父亲的情感关系模式，沉重地压在了心底。所以，阿梅在自己的亲密关系中，会选择看似懦弱的男人，这样就有机会帮助他，甚至可以说是拯救他，以弥补儿时的无力感。她的丈夫就像是父亲的替代者，但这只是她的需要，她把过去和父亲的情感模式运用到现在的亲密关系中，她没有看到这并不是丈夫想要的。她的付出满足了自己的内心需求，却不是处于妻子的位置，所以丈夫说感受不到爱，不想接受这样的照顾。

如果你希望自己的亲密关系向更好的方向发展，想和你的伴侣拥有更多情感上的互动，那么，你就需要认识自己的内在模式，让自己回到相对应的位置上，而不是成为照顾伴侣却让伴侣想要远离的人。

看到自己的防御，才能看到自己的真我，才会看到对方真实的需求。当你可以看到自己的真我，你会意识到自己不再那么容易去对方身上索取得不到的渴求，你也可以不用再有以往那么多沉重的包袱。

对于男人来说，当自己的妻子很放松的时候，他也会感觉到相处得轻松，因为他不需要时刻为妻子的情绪负责，两个人之间的情感会容易开始流动。夫妻双方建立起稳定的关系联结，家庭也会回归稳定，因为真正的亲密是两个人真我与真我的相遇。

第四章

觉察，

摆脱伤害的循环

情绪背后的心理需求

在生活中，我们难免会和人发生争吵，也许是和父母，也许是和朋友，还可能和自己的伴侣。那么，我们应该怎样吵架呢？

没错，接下来要说的就是关于吵架的问题。很多人在吵架的时候，吵得越来越厉害，但吵架的内容已经不再是一开始的问题，而是扯到了其他的事情。尤其是夫妻之间的吵架，开始可能只是为谁做家务的问题拌嘴，但最后的内容已经是陈年往事。

吵架的过程中往往会出现这样的情形，比如夫妻两个人因为做家务而争吵，你可能很有道理，我吵不过；那我就找一件对自己更有利、更有优势的事情。你说我不做家务，我就说你经常乱花钱；你说我乱花钱，我就说你不顾家；你说我不顾家，我就说你的父母没教好你……

这就像是你说了一件占优势的事情，我也要说一件我占优势的事情，这样才能扯平。结果到最后，大家离做家务这件事情本身越来越远，而且越吵越糟糕。这种感觉就像是整个家庭都有问题，整个关系中没有一件好事。所以，两个人在亲密关系中发生吵架，就让吵架归吵架，就事论事，把问题限制在那一件事情上面，不要把事情扩大化。

人通常会去寻找一种心理的平衡感，其实也是内心缺失安全感。比如，如果一方为自己做错事道歉，对方可能会继续指责而不是原谅，甚至都不了解个中曲折。这样的反应往往是从小就学会的，因为在原生家庭里，很多人就是这样被父母指责的。在这样的家庭环境里长大的孩子，很可能在亲密关系中出现两种情况，一种情况是，他会彻底认同，自己就是错的，怎么样都不好，所以他就变得谁都可以指责他；还有一种情况是，他变得极其敏感，不能接受被人指出他任何的错，他也不能在任何事情上承担责任，他会把事情做到最好，在亲密关系中也会付出很多，就为了不会受到任何指责。但这样做，无形中让他获得了道德上的优越感和心理优势，他可以以此操控对方。

亲密关系中会藏着关于权力的渴求，对控制对方的渴求，其实这是我们把对理想父母的幻想投射到亲密关系中，期望可以把对方改造成自己希望的样子。这种渴求源自内在的不安全感，而这种渴求对亲密关系有很大的杀伤力。因为权力一出现，就说明你没有把对方当作一个有独立意志的人来看，没有尊重对方的真实存在。你要学会去爱，就要学会和真实的对方建立关系，放下自恋的游戏，同时也要放下自己的幻想，站在对方的角度去看待问题。这样，你才能拥有和谐的亲密关系。

每一种情绪都不会凭空出现。每一种情绪的背后，都可能藏着你的某个心理需求。有位读者给我留言，说自己和女朋友吵架了，不记得是因为什么，大概就是生活里的一些小事，但两个人开始怄气，谁也不理谁。错的是不是自己也忘了，反正两个人话赶话地吵了起来，越吵越气，最后变成了放狠话的比赛。你是否也经常遇到这样的情况呢？

我们经常说要觉察自己的情绪，其实这是为了了解自己真实的心理需求。比如你和伴侣吵架了，你表现出来的是愤怒，但你是否有想过愤怒的背后隐藏着什么样的需求。很多夫妻因为一些小事情经常吵架，可能争吵的这件事本身并不那么重要，但是因为情绪，事情似乎就变得越来越重要。

说个生活中并不少见的例子，我的一个朋友，他经常和妻子因为家务活吵架。有一次，他们一起下班回家，妻子当天不想做饭，希望他能去买菜做饭，但他也不想做饭，而且不知是有心还是无意，他说了句"为什么你不做饭"。这句话让妻子非常生气，对他说："凭什么你可以不做饭！凭什么必须我来做！"

情绪是会传染的，负面情绪当然也不例外。于是，两个人开始互相指责对方，从做饭吵到了带孩子，然后是结婚之前的事情。很多时候，负面情绪的产生通常都是由一些小事引起的，我们发现许多负面情绪的产生，通常都是由一些小事引起的。在这个例子里，表面上看是因为夫妻俩因为做家务的事情起了争执。如果我们仔细分析就会发现，其实是丈夫那句"为什么你不做饭"触发了妻子的情绪。

我们在觉察自己的时候，不能简单地说我有情绪是因为发生了什么事情，我们需要具体化。你可能要具体地回忆一下，在这件事情里面，是对方的哪句话，或是对方的什么动作、哪个表情让你觉得很有情绪，在你情绪被激发的前一秒到底发生了什么。

我们以刚才的事情为例，当听到丈夫说"为什么你不做饭"的时候，如果你感觉自己的情绪是愤怒，你是否想过，为什么丈夫的这句话让你觉得愤怒呢？你又会有些什么样的联想？

每个人的成长环境，都会影响着自己的人生观、价值观，所以在不同环境下成长的人，即便遇到相似的事情，感受也会不同。比如，如果这位妻子出生在一个重男轻女的家庭，那么她可能会觉得自己在婚姻中和丈夫的关系很不平等。为什么女人要听男人的话，为什么都是男人说了算？她可能真正反感的，是过去生活在重男轻女的家庭中所带来的感受。所以对于这位妻子而言，她最没法忍受的，就是被不公平、不平等地对待。那么，她愤怒的情绪背后隐藏的心理需要，可能是希望丈夫能够平等地对待她，她希望男女平等，男人和女人应该尊重彼此，需要共同来承担家务活。所以她在听到那句话的时候，那种从小不被尊重，不被公平对待的感受就出来了。

也有可能是另外一种情况，如果这位妻子从小是在缺乏关爱的环境里长大的，她可能就会觉得，当丈夫说这样的话的时候，完全没有顾及她的感受，她上了一天班也很累，她也渴望被照顾。所以她感到自己被忽视了，而这种被忽视的感觉，可能会让她联想起小时候被父母放到一边，没有人管、没有人照顾的那种痛苦。这时，她会觉得悲伤和难过，与此同时，也会带出愤怒。她会觉得丈夫是不爱自己的，没有人爱自己。对这位妻子来说，她愤怒背后的心理需要，其实是希望有人爱自己，有人可以真正关心自己。

由此，我们可以看到，即使表面上的情绪都是愤怒，但是由于每个人成长环境不同，我们情绪背后的心理需求可能是不一样的。这些心理需求可能来自我们从小到大的成长模式，和原生家庭的互动方式，以及在成长过程中产生的心理防御，等等。

如果我们没有觉察自己情绪背后真正的需求，就会在瞬间感到愤怒，不但不能和对方表达真实的需求，还会让双方的冲突变得更加剧烈。有时候，对方可能真的不理解为什么这句话会让你如此愤怒。你则会因为对方的不理解，自己真实的感受没有表达，而让彼此的情绪越来越激烈，最后可能影响了你们的亲密关系。所以，当我们知道自己有情绪的时候，我们要去觉察自己现在的情绪是什么，为什么自己的这些情绪会被激发出来，这些情绪背后又有什么样的心理需求。

我们只有知道了内心深处的需要，才有可能采取一些有效的方法来满足这些需要，才不会因为莫名的情绪让自己困扰，甚至是影响自己的亲密关系。

拖延的背后，究竟隐藏了什么

拖延会给生活带来很大程度的负面影响，我们会用各种各样的方法来改变，但是很多时候，我们只是在表面上消除了这个状态，这个状态会反复出现，甚至在改变的过程中也会觉得很痛苦。你有没有想过，拖延的背后，可能隐藏着未被满足的渴望。

有位读者曾经对我说，她经常处于拖延的状态，哪怕去做一些无关紧要的事情也迟迟不做那些应该做的事情。都不用说工作或是生活里重要的事情，只说做家务这样的小事，家里的地板脏了，脏得自己已经看不过去了，但她就是可以拖着一直不去打扫。她有时候强迫自己做家务，但强迫自己的同时，内心更加反感，索性就不做了，继续拖下去。再比如，快到午饭的时间了，她不想做饭，拖着拖着就直接点了外卖。不仅买回来的菜没有做，还经常是拖上两个小时才会叫外卖。她很清楚，如果做完了家务，家里的干净和整齐会让自己觉得很舒服，自己做的饭菜也比外卖好吃，但她就是什么都不做，总是找各种理由拖延。

我当时问她："听起来是你在拖延，有没有可能也是在满足自己呢？比如，拖延也是满足自己不想做家务的需求。"

"难道我是在通过让自己不舒服的方式满足自己？"她忽然有了个觉察。她说自己最近几周，只要丈夫在家，就会让他在家做饭、洗衣服，她希望自己被照顾，但她的丈夫并没有做到她希望的事情。

是啊，如果这些简单的照顾都得不到满足，那无意识地让自己家里变得更糟糕一些，这会不会更容易得到照顾呢？她忽然明白了，渴望被照顾的需求才是她真正被压抑的需求。

拖延是在等待被照顾，这份觉察源于她对孩子需求的照顾。她的孩子在外面玩耍，天黑了不想回家，对她说想多玩一会儿，并且希望她在旁边陪着自己，她也愿意满足孩子的需求。想到这个，她有了很大的触动。回顾自己的童年，她觉得自己在成长过程中的很多需求都没有得到满足，好像还没玩够就长大了。那些没有被满足的需求，随着年龄的增长渐渐被压在了心底。为什么这些需求会被压抑呢？愿意等孩子、陪孩子，如果理解为是在照顾孩子的需求的话，那么压抑自己未被满足的欲望，又是在照顾谁呢？

我让她做了一次联想，假如她还是孩子，她是否可以像自己的孩子一样去和父母提出要求。她想了一下，给出了否定的答案。父母工作很忙，她是由外公和外婆带大的，她似乎都在等，等待父母的照顾。对于父母不能满足自己想要被照顾的需求，她是有情绪的，但她没办法提出来。她用压抑自己的需求，照顾了父母的需求。

她问我是否可以把拖延理解为是在用笨拙的方式照顾自己，所以整个人看起来也是压抑的。我更倾向用"原始方式"来描述。这种"原始"的感觉就是你把自己放在了一个孩子的位置上，这个孩子做不了什么家务，肚子饿了不知道有什么可以吃的，她希望得到某个人的照顾。听到我的话，她说自己的内心感到阵阵的悲凉。

其实，她用笨拙来形容自己，在某种程度上也是一种压抑，因为她用了一个贬义词来描述自己的需求，好像是在表达有需求是不好的，也是笨拙的，我不会照顾自己，所以要靠别人照顾。这种压抑会把攻击转向自身，每当她要做什么事情，尤其是可以满足自己需求或让生活变得更好的时候，她就会压抑自己，而表现出来的状态就是把事情无限期地拖延下去。拖延背后的压抑，既是对父母的照顾，也是对过去的忠诚，这份忠诚让我们代替父母来压抑自己，无法享受自己的生命，更无法真正活出自己的人生。这样的拖延让人产生一种错觉，好像还可以和父母在一起，至少在压抑的感受层面是在一起的。

拖延是在等待被照顾，希望自己的需求被看见，而这归根结底是对关系的渴求。拖延有时候不是问题，虽然在用不舒服的方式影响自己的生活，但这个时候的拖延其实在表达内心的渴望，只不过是用拖延的形式和状态防御自己内心渴望的部分。当你把拖延当成问题的时候，看起来是想消除拖延的习惯，其实是准备消除自己内心的渴望。这个时候我们要做的，不是马上消除拖延的表现，而是要理解拖延背后的渴望。理解了这个之后，拖延的"游戏"自然就不好玩了。

每个人的生命都有自己的模式，很多时候往往是我们把自己困住了，让自己一再重复，发现不了自己其实可以过得更好，可以活得更加精彩。

如果你的情绪找不到出口

每个人都有负面情绪，但对于负面情绪的处理，很多人选择的方式只有压抑。他们觉得表达情绪就是在发脾气，不想在别人面前表现失控的一面，慢慢地不知道该如何表达了，只是习惯性地压抑自己的情绪。的确，压抑情绪在短期内是可以获益的，当下的人际关系不会受到影响，生活状态也能继续保持，但从长期来看，这是自己埋下的一颗地雷，有时候直接导致我们的身体出现问题。

当一个人压抑自己的情绪时，情绪总会想方设法地从其他地方跑出来。比如一个人的身体某个部位出现疼痛，去医院查不出任何器质性的原因，从心理学的角度来说，这很可能是心因性的问题，就是说身体上的疼痛是由某些心理问题导致的。这种情况在心理学上被称为"躯体化"，即一个人本来有情绪问题或心理障碍却没有以心理症状表现出来，而是转换为躯体症状表现出来。这种躯体化大多是过度压抑情绪所导致。

压抑情绪除了可能导致躯体化的症状，同样影响到你的人际关系和工作状态。我们通常认为，我都已经压抑自己的情绪，不和对方产生冲突，怎么还会影响人际关系呢？这是因为情绪不会因为压抑而消失，短暂的压抑往往在以后导致情绪爆发或被动攻击。

有位女性朋友，她在和丈夫谈恋爱的时候，经常夸他性格好、脾气好，每次闹别扭的时候都会让着她。可他们结婚以后，她的抱怨越来越多了，因为丈夫对她发起了被动攻击，比如在约好的时间爽约，做家务或是带孩子的时候总是越帮越忙，总是搞砸一些简单的事情。其实，原因就在于他所形成的行为模式，即使有情绪也从不直接表达，这些压抑的情绪导致双方的矛盾越积越深，也会让亲密关系中的两个人距离越来越远。

压抑负面情绪除了伤害和别人的关系，严重可能会导致抑郁。抑郁本质上是一种自我攻击，有一种心理防御叫攻击转向自身，当一个人无法对外界表达愤怒的时候，他就把这种愤怒转向自己，这不仅会造成身心上的疾病，甚至导致自杀，而自杀是自我攻击的最极端方式。既然压抑情绪有这么多危害，为什么很多人没有调整呢？

很多人由于习惯性地压抑情绪，已经意识不到自己是在压抑情绪，比如情感隔离。这也是一种心理防御，它可以让我们把情绪推得很远，把自己和情绪隔开，觉察不到自己的情绪。在一次读书会的活动中，我的一位读者说他经常不知道自己的感受，总有一种很空的感觉，他说自己小时候，看见自己养的狗被人打断腿的时候都没什么感觉。的确，他在描述的过程中一直很平静，就像说一件和自己无关的事情，其实这就是一种情感的隔离。

情感隔离的人让自己生活在一个类似真空的环境里，用这样的方式保护自己，不让自己感到情绪的存在，也不用受到负面情绪的影响，更不用感到被人伤害。所以，情感隔离是我们为了适应环境而发展出的一种生存技能。很有可能的情况是孩子小时候的成长环境不够好，经常遭到忽视或不合理的对待，那情感隔离的心理防御就可以帮助他缓解现实带来的痛苦。但这样的孩子长大之后，他很可能无法感受自己和别人的情绪，很难理解别人的情感、体察别人的内心，也不容易让人靠近，更会影响和别人的关系。那我们该如何面对自己的负面情绪呢？

第一，看到并承认自己的情绪存在。

情绪不会凭空消失，当有情绪的时候，我们常常对自己说"不要这样，要开心起来"，但这相当于间接否认了当下的情绪。很多父母都告诉孩子要懂事、不许哭闹、不可以发脾气，不允许孩子有情绪的表达，父母这种对孩子情绪的否认，很可能让孩子觉得真实表达情绪是不被接受和不被喜欢的。等孩子长大之后，因为某件事产生负面情绪的时候，他们不愿意表达，也不知道如何表达。最不好的情况是，他们成为父母之后用这一套对待自己的孩子，让伤害再一次循环。

我们需要重新学习表达自己的负面情绪，试着跳出这种情感旋涡。每个人都有负面情绪，负面情绪的出现也是正常的；正视它，然后为它找到一个出口。

第二，适度宣泄你的情绪。

当我们压抑情绪的时候其实就是把情绪积累起来。所有的情绪都需要一个出口，人的心理空间也是有限的，如果情绪找不到出口，我们的内心世界就会崩溃，可能是身体为它买单，可能是亲密关系为它付账。所以，当我们有负面情绪的时候，可以试着找人倾诉一下，真实地表达自己之后，或许可以发现，倾诉本身并没有那么可怕。尤其是在关系之中，对方也许正在等待真实的你，理解并接纳你的情绪，而这种真实也能让你感到更自在，你会建立一个全新的、真实的关系。

你以为的指责可能只是别人的提醒

你是否经常处于敏感的状态，特别在乎别人对自己的看法，可能一句无心的话都会让你非常在意，觉得别人是在说你的不好。你控制不住地去揣摩其他人的想法，似乎你的存在是由别人定义的一样。

其实，这是因为我们没有发展出自我的身份认同感。自我的身份认同所强调的是自我的心理体验，以自我为核心所发展出来的感受。在每个人的成长过程中，我们会通过自己的喜恶以及他人对我们的态度来发展自我的身份认同感，而很多敏感的人，他们通常无法精确地接收别人的反馈，原因在于父母或其他的照顾者不能理解他们的情绪，或是不能接受他们的情绪。就像是照镜子，孩子的感受和需求在父母这面镜子中照出的是欢迎和关注，孩子会觉得自己的感受是可以表达的，也是可以被接受的。相反，如果孩子照出的是冷漠和攻击，孩子就会觉得自己的感受是不应该的，从而受到冲击，他需要学习如何化解这些冲击，结果就是他不仅扭曲了自我认识，还丧失了与自己感受的联结。

随着年龄的增长，我们越来越清楚别人对自己的看法，但这些看法大多是依据别人的反应或未必客观的事实而形成的。我接待过一位来访者，她认为自己是一个麻烦，在遇到重大挫折的时候不敢和关系最好的闺密说，她害怕打扰对方，但她的闺密并没有这种感觉。"我觉得自己是个麻烦"是一个有偏差的认知，也就是我们身份的谎言。

很多人都有这个女生类似的想法，觉得自己的存在本身就是个麻烦，害怕自己麻烦别人，遇到任何事情都独自硬撑。造成这种情况的原因，最大的心理障碍可能来自父母。作为生命开始时最重要的人，父母可能因为忙于工作，或者父母本身的情感不是很成熟，某些言语和行为让孩子产生了不要麻烦父母的想法，进而觉得自己就是一个麻烦。意识到这一点，孩子慢慢就不会再对父母表达需求，因为表达有可能会给父母添麻烦。

一个人的自我身份认同感如果不够清晰，那么他就很容易承接别人的情绪，因为他不能把自己和别人的体验作出区分。同样，他会很在意别人的看法，甚至加入自我评判之中。因为自我的身份认同不清晰，所以习惯了从别人的言语中去寻求认同，跟着别人的眼光和评价左右摇摆。但是你遇到的每个人都是不同的，每天都为遇到的人而活，那种累是可以把人拖垮的。

我曾经在网上看到有人说自己极度自卑，说话、做事的时候特别在意别人对自己的看法，会因为别人不经意的一句话难受很长时间，也会因为害怕别人不喜欢自己而不敢轻易发表看法。工作之后，他会特别在意同事的眼光，害怕领导觉得自己不行，担心自己无法和别人相处。有一次，他的公司搞活动，他负责的环节出了一点小问题，主管看到之后提醒了他一句，他于是在脑海里一遍又一遍地回想主管当时的神情和语气。其实那不过是个很小的问题，也不会造成什么影响，但是他的心里为此别扭了很久。

很多人其实都会这样，甚至在自己没有做错事情的时候会感到不安，为别人的一句话胡思乱想，添加很多的情绪色彩，连朋友圈的评论也反复揣测别人是否有言外之意。这时候，我们虽然为此烦乱，但还是会压抑自己的情绪，或是隐藏自己的想法，因为担心自己的情绪不被接受，想法也未必会被认可，甚至会减少和别人的交往，因为人际关系变成了一种负担。

自我认知会影响生活方式，如果你对自己有清晰的认知，就能发展出稳定的自我身份认同感。这可以帮助你不被情绪左右，可以不再把别人对你的反应看成是自己的价值所在。生活中，我们往往容易把从外界得知的信息放到自己已有的认知架构当中，但是当我们构建了不合理的认知架构，问题就会接踵而至，从而对自我成长产生负面影响。在成长过程中，你可能从来没有想过自己到底是不是真的不好，而是沉浸在这种悲伤和无助中，所以会特别在意别人的眼光和看法。每当遇到挫折或者犯了错误的时候，你会不断地强化"自己不够好"这个声音，但是别人的评价，未必是真实的你。你需要意识到的是，这个人当时是带着什么样的动机和情绪在评价你。

也许别人在评价你不好的时候带有攻击性，他希望通过这种挫伤你自尊心的方式来贬低你，或者是让你无形中愿意听从他的想法，也许背后有对方不同的目的、情绪或无意识的动力。当你没有办法分辨的时候，你也可以去寻求支持，找朋友倾诉、找咨询师咨询等，向别人寻求客观的确认，以此区分什么是自己想象的、什么是真实发生的，进而提升自己检验现实的能力。你会逐渐意识到，脑海里觉得自己不够好的声音其实是别人曾经带给你的伤疤，并不是真实的自己。

还有一个方法非常有效，而且一个人就可以完成——尝试写下自己的人生故事。叙事治疗里面有一个很重要的观点：问题才是问题，人本身不是问题。人的成长不是一件容易的事，每个人一生中都会遇到无数问题，有时还会陷入困境。很多时候，我们把这些归咎于自己不够好，觉得自己无能，并且没有价值。退一万步来说，就算真的是这样，你能走到今天，还可以表达自己的困惑，愿意发出求助的信息，这就表明还有一些资源在支撑着你，而这些资源就藏在生活之中。如果可以将这些积极的资源调用起来，我们就更有可能有一个不一样的生命故事。

当我们被情绪左右的时候，会认为自己就是不好的，但这个时候，我们是很难全面地看待自己的。人生的核心信念里有一部分是自我身份的谎言，你可以尝试着把它们写下来，在书写的过程中可以重新审视自己的经历，理解自己的感受，这也是对现实的一种检视。

试着写下你的人生故事，过去的经历以及未来的可能。故事源于生命，你才是自己生命的作者。

成长，是温柔地一推

"完美"的父母只谈对错，真实的关系才能面对脆弱。

有位读者说自己很内向，小时候一直觉得没人愿意和她一起玩是因为自己不够好，长大之后才明白，她不是真的不好，而是因为她的父母一直都是"对"的，以致她总觉得自己是错的。从小到大，如果她做错了事情，就会被父母骂一顿；如果她的父母做错了事情，她也会被父母骂一顿。成年之后，她开始理性地和父母沟通，但无论大事还是小事，父母做错的时候都不会承认，而且话题会转到另外一个方向，父母会质问她为什么不懂尊重父母，然后针对她的不孝顺开始数落她，这让女孩感到非常委屈。她不明白为什么父母即使做错了也不愿意承认自己的错误呢？

我是对的，你是错的；我是好的，你是坏的。无论是夫妻关系，还是亲子关系，权力斗争会围绕着"对错"这个核心开展，因为这涉及我们的自恋。在心理咨询工作中，我经常会遇到这样的来访者，他们曾经遭到父母不好的对待，感觉很自卑，在咨询室里仍然不能表达自己的感受，甚至不敢对咨询师讲述这些事情。一方面是因为这些事情会让内心再次感到痛苦；另一方面是他们觉得自己不够好，父母才会对自己不好，这是孩童式的自恋。如果这种自恋随着年龄的增长而延续下来，那在遇到挫折的时候，人会感到无法承受的痛苦，不仅在于挫折的现实层面。而且有一个很重要的因素是，他们把挫败感归因于自己的不好，所有的事情都是因为自己不够好才变得糟糕。

正因如此，在很多人眼里，"我是对的"变得无比重要。如果承认自己有错，简直就是要了他的命。总在孩子面前表达自己是正确的父母，其实是在防御内心的脆弱感。他们不允许孩子有自己的声音，更不允许孩子有正确的声音。就像前面那位读者所描述的，她只是想表达自己没有错，但是如果她没有错就意味着父母错了，即使是小事，父母也会觉得自恋受到了攻击，结果她的父母开始转移话题，说她的不孝顺、不尊敬长辈等。他们的逻辑是，你跟我说的这件事情让我看到了自己的不好，所以我需要和你说另外一件事情，并且再次强调我是对的，而你是错的。这么做其实是为了把错误转给对方，让自己可以继续保持自己的自恋感。

我们常常在生活中看到，很多夫妻或情侣总是为一些小事吵架，而且吵架的时候会把之前的事情翻出来说一遍，互相数落对方，这种吵架其实是在不断挽回自己脆弱的自恋。所以，谈论对错只是表面，自恋的脆弱才是真相。

美国心理治疗大师斯科特·派克在《少有人走的路》一书中讲了这样一个故事。一个六岁的男孩问他的父亲为什么叫外婆为"坏人"。父亲听到后恼羞成怒，对孩子大吼大叫，并且把孩子拖到洗手间揍了一顿，因为他要惩罚孩子说脏话和多管闲事的不良行为。这位父亲之所以大动肝火，正是因为孩子让他看到了自己的不堪，他害怕面对自己的错误，所以孩子成为替罪羊并挨了一顿揍。

这位父亲的潜意识很可能有一个这样的过程，他不愿意面对自己的错误，可孩子偏偏指了出来，他不得不面对自己这部分的时候感到很痛苦，所以要狠狠地教训孩子。这种父母对子女的教训，很大程度上是把自己的错误投射到孩子的身上。斯科特·派克说，过于以自己为中心的父母是伪善的父母，伪善的父母和孩子发生分歧的时候，永远不会承认自己的错误，他们会把错误归咎到孩子身上，给孩子的成长造成极大的压力。

文章开头提到的那位读者在留言中提到了一个小时候的经历，她被其他小朋友欺负，回家告诉父亲后，结果挨了一巴掌："这么丢人的事情，你还好意思说出来！"从那之后，女孩变得越来越内向，不敢和别人说话，害怕自己说的话是错的，被别人嘲笑，她不知道应该如何与人相处。父亲看到她这个样子，每次都会说她就知道躲在家里，然后骂她没出息。

"都是因为你不好"，也许是父母所有言语中对孩子杀伤力最大的一句话。孩子会认为所有的不好都是自己招来的，自己就是不好的代言人。父母为了保护自己脆弱的自恋，对孩子的自我造成摧毁性的影响。这是父母对孩子心理上的施虐。

以自己为中心的父母，往往会把孩子的个性、思想看作是对他们的攻击性行为，他们通过强化孩子对自己的依赖，弱化孩子的力量，让孩子离不开父母。这个时候的父母不是在帮助孩子成长，而是在破坏孩子心智的独立。

一贯"正确"的父母当然会有一贯"错误"的孩子，这样的孩子很难建立自己的自尊和自信，他只能对父母产生依赖。也许他可能很想成长或是逃离，但是他内心已经觉得不可能了。这些在失去自我的环境下成长的孩子，如果没有了觉察，他们在成为父母之后，很可能也用这样的方式对待自己的子女。没有人愿意看到这样的恶性循环。

每个成年人都曾经是孩子，只是我们在变成大人的过程中忘记了原来的样子。没有孩子是完美的，也没有父母是完美的，我们真正要面对的是彼此的真实。当你可以面对自己脆弱的部分，真实会让你更有力量。

愿你拥有力量面对自己的真实，愿你可以成为真实的自己。

独立的假象

有位读者说她在给父母打电话时，父母会说"怎么又打电话？没事别打电话"这样的话。她很不舒服，不能理解自己的父母为什么这样说，后来，她发现自己在亲密关系中也有类似的举动，当男朋友主动联系她的时候，她也说过类似的话。而她想主动联系男朋友的时候，会有一种不安的羞耻感。我们应该如何理解这种羞耻感呢？

曾经有一位参加过心理培训的学员，在因为一件事很难过的时候，突然笑着调侃了自己一句。我当时问她为什么难过的时候还要笑，她说自己习惯了在哭泣的时候笑，也会经常笑着说那些让自己很难过的事情，可以让自己看起来没有那么悲伤。我又问她："如果在别人面前看起来悲伤，这意味着什么呢？"她想了一会儿，然后哭着说："不想因为我的难过影响别人的心情，害怕打扰别人。"

你是否也是这样,在自己很难过的时候担心打扰别人。其实，这样的人很独立，但这种独立有些过了，常常为自己需要别人的帮助或支持而感到愧疚，因为他们觉得自己不配得到照顾。

我的一位来访者曾经在咨询的过程中说，她觉得自己的哭对咨询是一种打扰。她习惯了一个人躲起来静静地哭，害怕影响到别人。她说父母从小不允许她哭，她还记得自己很喜欢的一个玩具找不到了，她坐在客厅里哭了起来，爸爸看到后很不耐烦地说了句"又怎么了"，然后骂了她一顿，并且把她推出了门外，让她什么时候不哭了再进来。她说自己印象最深的就是爸爸的那句"又怎么了"，因为这句话透露出的信息是她又给爸爸惹麻烦了。她一直认为哭是不好的，在别人面前哭出来更是一件很丢脸的事情。

在她成长的过程中，她的哭，她的难过，她的情绪，父母都觉得麻烦，无法好好地处理，所以不允许她有任何情绪。对父母来说，这样是最省心的，而她在这样的成长环境下变得敏感而压抑，这样的模式往往会让人感到很沉重。

那些从小就过于独立的孩子，他们的乖巧和懂事往往会造成一个假象——他们不需要别人照顾。可在这样的过程中，孩子会渐渐没有了自己的感受。他们足够敏感，可以很好地照顾别人的情绪和感受，从而在关系特别是亲密关系中感到疲惫。他们总是表现得很成熟，很独立，但这是为了满足别人，而不是真实的自己。这样的情感模式导致他们为别人承担过多的责任。

我看到过很多类似的读者留言，很多人总是不自觉地为别人着想，替别人考虑，可别人非但不领情，还把很多事情变成了自己应该做的。比如你借了同事的一支笔，用完之后会很快还给对方，担心对方需要用的时候却没有，可你借给同事的东西，如果你不问，同事就不还，哪怕对方没有在用。

英国的心理学家约翰·鲍比说："我们大脑的原始部分会告诉自己，安全感来自熟悉。我们都倾向于回到之前经历过的情景，因为我们知道如何去应对这部分。"

孩子需要跟父母进行真实的情感互动来获得一定的安全感。有些父母在这方面比较注意孩子的情感需求，在这样的家庭环境下成长的孩子，他们的情感会更安全、更丰富，也更容易和别人建立联结，他们的内心也不会出现太多空虚感；即使是出现了，也能够去寻求外界的帮助，寻求他人的情感支持。而情感不够成熟的父母，他们更多的时候是以自我为中心，很难注意到孩子的内心需求和感受，或者不允许孩子有情感的表达，在这样的家庭环境下成长的孩子，他们的情感是匮乏的，所以会对自己的情感需求感到羞耻，甚至不知道如何在情感层面上和别人产生联结。

如果孩子在童年时期无法忍受内心的情感匮乏，他就可能尝试各种方法来获得父母的爱，想和父母产生尽可能多的情感联结。其中最常出现的一种方式就是先照顾父母的需求和感受，等到父母被照顾好了，就能换来对自己的照顾和关注了，这种方式使孩子在无形之中成了父母的情感照顾者。当父母对此没有觉察或是不加理会的时候，其实就相当于间接教会孩子要靠自我牺牲来满足别人。这样的孩子长大之后，会认为只有在牺牲自己或失去自我才能拥有一段关系，会把对方的需求放在第一位，完全忽略自己。他们的潜意识认为，忽视自己才有可能得到对方的关注，忽视自己的感受才能够维护现在的关系。

明明很想哭，却笑了出来；明明很在乎，却装成无所谓。哭的时候没人哄，你学会了坚强；怕的时候没人陪，你学会了勇敢；累的时候没人问，你学会了承受。你告诉自己，其实一个人也挺好，但一个人的时候，总是独自舔舐伤口。在成长的过程中，你把自己变成了一个哭起来还在笑的人，可你的坚强和独立，不但没有得到任何人的认可，反而越来越被忽视。你知道自己的内心有渴望，渴望被看到，渴望被关心，渴望被照顾。

我们长时间地忽视真实的自己，忽视了真实自我的存在，甚至变成别人想象中的样子，用这个样子去满足别人，以期别人能够给你带来一点点满足。但是，现实的悲伤和难过，感受的愤怒和委屈，其实都在告诉你，需要多关心和照顾自己。你可以很独立，但你也需要被照顾。这不应该让你感到羞耻，因为那是你正常的情感需求。

放弃与自恋的"双人舞"

有位读者给我留言，她说自己总是会处于痛苦之中，比如，她常常会想起自己某个时候说话不得当、举止不得体的情景，然后开始担心是否给别人留下了不好的印象；和朋友或者同事在一起的时候，她也会控制不住地想对方会不会在心里觉得她哪里不好。这些生活的方方面面让她没法放松下来，尽管周围的人并没有说过她什么。为什么她总是容易记住这些负面的东西，而不是快乐的事情呢？

在这里，我先说一个发生在做自媒体的朋友身上的故事。有位读者在他的公众号留言说，如果他再不回复留言，写文章的思路再不改变，就会取消关注。我的这位朋友当时觉得取消关注就取消呗，为什么还特意留言说一句呢？后来，他查看了这位读者过去的留言记录，评论几乎都是对他文章的欣赏和赞同，甚至还有打赏，唯独有一篇文章是不太认同的。

　　朋友问我，他的这位读者为什么会有这样的表现。我当时说，对方可能是想用这种方式获得他的关注，而他也认同了这位读者的投射。因为赞同的留言，他未必能够全部留意；批评的留言，并且威胁他要取消关注，他自然会很容易注意到。从现实层面来说，他做自媒体平台，粉丝的意见很重要，所以粉丝才会发出如同威胁一般的信号——你不回复我，我就对你取消关注。似乎取消关注的这个举动可以影响到自媒体的生死存亡，这可以极大地满足这位读者的自恋。从某种程度上来说，这件事情有些像这位朋友和读者的自恋在跳双人舞。

　　我们在生活中很容易在意那些负面的东西，很重要的一个原因是我们内心的自恋受到了影响。我们都会自恋地认为自己是有价值的。就像那位做自媒体的朋友，他当然也会认为自己创造的内容是有价值的，但遇到了负面的评价，内心的自恋受挫，就会开始在意起来，哪怕嘴上说不在意。很多人都是如此，对那些让自己痛苦的事情记得很清楚，而美好、快乐的事情则不会。从某种程度上来说，痛苦的事情触碰了我们想控制一切的自恋，而潜意识的动力如此强大，以致我们常常会为了自己的自恋不惜代价。当我们不惜代价的时候，很容易忽视生活的其他方面，这会让我们卷入另一种痛苦之中，痛苦就成了我们的人生预言。

有一个死于预言的故事。意大利著名的学者卡尔达诺，在数学、物理、医学几个方面都很有建树，他是一位百科全书式的学者，同时还是一位占星师。卡尔达诺在71岁的时候推算自己将在某日去世，之后他向很多知名人士和贵族发出邀请，让他们在那个时候来见证自己的死亡。但是，他在推算出的死亡日那天依然很健康，为了保全自己的名声，卡尔达诺选择了自杀，完成了自己的预言。

用这样的方式实现自己预言的准确，同时也让这件事本身显得自恋。太过自恋的人，常常会把自己"作死"，也容易自我攻击。正如文章开头给我留言的那位读者，总是担心自己的话哪里说得不对、会不会让别人难受、别人会如何看待自己等。因为这些想法的存在，她的内心也一直处于冲突的状态，而别人可能什么都没有说过。如果你发现自己也是个过于自恋的人，应该如何觉察自己呢？

如果一对夫妻离婚，父母应该告诉孩子，婚姻的结束不是孩子的责任。这样做的一个重要原因是让孩子减少自我攻击，孩子会伤心，但不会把责任归咎于自己。当我们遇到挫败的时候，其实道理也是一样的，我们首先要做的就是不要自我攻击。过于自恋的人会产生归咎的想法，因为自恋受损，所以会进行自我攻击，但自我攻击太痛苦了，又会归咎于他人，攻击他人。

这是分裂的心理防御机制所带来的后果，要么都归咎于他人，要么都归咎于自己。而与此对立的是成熟、客观地看待事情，既看到自己需要承担的责任，也能看到别人产生的影响，从事情本身寻找原因和解决的办法，在情绪层面上寻找安慰和支持。当我们可以这么做的时候，本身就意味着已经在关系中求助。我们如果在关系之中，就不会产生强烈的孤独感，而自恋的最初就是因为孤独感，觉得自己必须控制一切事情，希望事情的发展是按照自己的意愿。如果失控，会认为自己是不好的，然后陷入痛苦。

当你可以向其他人寻求帮助的时候等于告诉自己：是的，我的确遇到了挫折，但是并不代表我是不好的，我还可以获得别人的理解和支持。当我们可以对自己有这样的觉察时，对自我的否定也会降低很多，无论是自我攻击还是对别人的攻击，这些都会开始有所改变。

关系就像一面镜子，我们可以对自己进行觉察，就是因为我们可以在关系中换一个角度审视自己。如果在我们的成长过程中，父母或者其他人没能提供这样的环境，我们没有这种健康自我的基础，那我们就需要通过长时间的学习来体验这个部分。如果你发现自己的情绪不够稳定，内心比较脆弱，心理咨询也是一种对外寻求的方式，咨询师的经验和对你的回应可以像镜子一样，帮助你重新构建内心的秩序。

写下你的创伤

当你的情感需求经常得不到满足，就会把这个需求渐渐隐藏起来，这也是心理学上所说的压抑，是为了保护自己得不到而产生的心理防御。我们会把压抑的感受埋到内心深处，但这并不意味着感受会因此而消失。它们被放到了黑暗的角落，然后在那里影响着你的生活和人际关系。

我的一位朋友，她是一个不怎么表达愤怒，有时还会讨好别人的人。她在自己的一些很重要的关系中，经常会出现很多问题。有一次，她很累想睡觉，孩子在旁边吵着要玩手机，她试着给孩子讲道理，但孩子不依不饶，她累得不想多说话，于是把手机给了孩子。本来和孩子说好看两集动画片的，结果孩子从晚上十点看到了十二点。她当时非常生气，一方面是因为自己很累想休息，另一方面觉得孩子不听话，结果她把手机狠狠地摔在了地上。孩子当然被吓到了，把情绪发泄出来的她开始觉得后悔。

　　我们在聊起这件事的时候，朋友说自己应该在十一点的时候就发脾气的，不应该在十二点的时候，忍无可忍才发脾气。把怒气攒了两个小时，一下子爆发出来，表达直接变成了发泄。

　　重点在于她说的那句"应该十一点的时候就发脾气的，而不应该忍到十二点，忍无可忍才发了出来"。从这句话中我们可以看到，她当时的脾气和孩子的行为是有些不匹配的，或者说有些过了。她没有理由不敢对孩子开口，也没有必要多忍一个小时，但就是把事情的结果变成了最糟糕的一种。

　　她自己对此也是有觉察的，她发现自己经常讨好别人，所以积压了很多负面情绪，冲孩子发脾气的时候，其实还包括很多，对丈夫的不满，还有对工作的。这都是平时压抑的情绪，没有出口表达出来，而在孩子不听话的那一刻，所有的情绪像火山喷发一样，全部发泄了出来。只不过这个过程，不仅让她自己很难受，也会让身边的人受伤。

　　类似的事情经常发生在亲密关系中。当你面对伴侣，因为小事而暴怒，或是因为对方没有按照你的想法做事而发脾气，你的愤怒和发生的事情差别特别大的话，很可能是被你压抑的渴望和需求在这个时间点被引爆了。另一种压抑的状态就是，你会变成一个很麻木的人。

　　麻木的人对情绪渐渐失去了敏感度，很难感受得到别人内心的想法，当然也会很难与别人建立联结。

　　如果留意一下身边的人，你会发现，这种人只能做一些很具体的事情，很难和自己的内心有所联结，也很难感受到伴侣内心真正的需求。在有些家庭里，夫妻会告诉对方，谁做家务、谁照顾孩子等。这变成一种功能上的分配，似乎缺少了情感的联结。对方的确会做，但往往是像木头一样，踢一脚才能动一下。

　　有一个流传很广的笑话，外面下雨了，妻子让丈夫收一下衣服，丈夫去外面把衣服都收好了，但裤子却挂在外面被雨淋着。这虽然是个笑话，但也能从中看出，在很多家庭中，伴侣之间的互动是存在很大问题的，而麻木就是其中很重要的一个。

人生中最大的浪费并不是浪费时间，而是你心中有爱，却不让你爱的人感受到。这相当于关闭了彼此的情感通道，情感通道的关闭，当然也会让亲密关系和家庭受到影响。

有位同行的朋友分享过他的成长故事。他以前是一名律师，律师的职业非常注重逻辑，所以他之前很排斥那些相信感觉的说法，他觉得那根本就是感情用事。后来，他的家庭生活出现一些状况，无论是妻子还是孩子，和他在一起的时候都不开心。他和妻子每次发生争执的时候，他的内心会有另外一种情绪，那种情绪很强烈地在发出一个声音——你让让我不行吗？但是，他的妻子也在情绪中，当然不可能让着他。

这位朋友的父母都是知识分子，从小到大对他的教育方式就是讲道理。道理当然都对，但从感受上来说，他总觉得不舒服。那时候的他无以辩驳，可那种不舒服的感受还在，他把这种感受压在了心底。

对他来说，他的内心深处一直藏着一种渴望，这种渴望就是面对父母的教育时，他希望自己即使做错了事情，或者是没有达到父母要求的标准，仍然可以得到父母的爱。这是一个被隐藏很深的需求，在他看来也是一个不应该的需求。虽然这个需求被压在心底，但它是一直存在的，一旦遇到类似的事情或者相似的情景，这个需求就会被激发出来，他的情感也会很猛烈地表现出来。

这些强烈的情绪其实不是对妻子发出的，而是他心里的那个孩子对父母发出的。当他有了这个觉察，他就不会再有那么强烈的情绪和妻子继续争吵，觉得是妻子在刻意地与自己对立。他会慢慢调整自己的情绪，也因为他的调整，他们的亲密关系又可以重新流动起来。

每个人的心灵都有保护层，就像每个人的皮肤一样，我们的心灵也需要这层皮肤来保护我们不被伤害。有一种最典型的伤痛就是，我们没有感受过足够多的爱，没有足够的安全感，我们在关系中不敢分享真实的感受，也不敢表达自己的需求，自己在心上加了一把锁，最后连自己都感受不到本身的需求和感受。比如，有些朋友买了新衣服却舍不得穿，放在衣柜里大半年，等到领口发黄才舍得拿出来穿；家里的苹果开始变质，舍不得扔掉，先挑坏的吃，结果剩下的好的也开始变坏了。

有些人在表达自身需求时往往先照顾别人的需求，或者是等到忍无可忍的时候才会表达自己的需求，这些都不是在表达真实的自己，真实的情感通道就是在这样的情况下被堵塞的。如果双方都卡在这里，那么这段关系也因此被卡住。我们应该如何对自己进行情绪疏导呢？

有一个名为"书写创伤"的实验。研究人员把一批被解雇的人员作为被试者，随机分成几个小组，其中一组人员需要每天用半小时写出他们的体验以及内心的想法和感受，比如被解雇之后的情绪、失业后的各种感受等，而其他小组则不作要求。测试完全结束后，研究人员会开始追踪他们的就职情况。结果发现，实验里的被试组，即写下自己情绪和感受的人员，抑郁和焦虑的数值会有所降低，而且在接下来的数月里找到工作的概率更大。

这项实验得出了一个结论——当我们把负面情绪、感受或经历的事情写出来之后，对情绪有着正向的改变作用。在书写的过程中，这相当于我们和自己的内心有了对话和交流，负面情绪和感受也有了一个出口释放。而书写文字的过程就相当于跳出了情绪的旋涡，从另一个视角看待自身经历的事件。这可以帮助我们重新梳理自己的情绪反应和内心需要，觉察触发我们情绪的扳机点。

当你不想压抑自己的负面情绪又找不到释放的出口时，可以尝试着通过书写的方式来记录自己的感受。和自己对话，这在一定程度上会有助于缓解情绪。如果你觉得自己用了所有的方式还是无法承受负面情绪的时候，一定要寻求外部力量的支持，比如专业的心理咨询机构。

我们需要真实地看待自己的需求和感受，当你可以和自己建立情感联结，可以和别人表达你的真实感受，那么，无论是不是亲密关系，关系都会流动起来。也许仍然有冲突，但这是让关系往积极方向发展的第一步。

学会止损

很多人在生活中都有过类似的内心冲突，出于种种原因答应了别人的事情或要求，无论自己多不情愿，都会逼着自己继续下去。

收到过一位读者的留言，他说自己很想辞职，却有一些顾虑，一方面担心自己找不到更好的工作，另一方面因为公司老板是自己的师哥。他在还没毕业的时候就被师哥邀请过来帮忙，之后又给了他很多承诺，公司发展起来之后的分红、股权等。他在公司里学到不少东西，当然也付出了很多，但他最近感觉自己的付出和回报不成正比。师哥给他承诺的东西没有兑现，工资和原来一样，但工作量越来越大，加班更是家常便饭。他向师哥提过辞职，但是师哥给他涨了一点薪水并极力挽留,这让他同意留了下来，却没有让他心里踏实下来。没过多久，他就又想离开了。让他犹豫的是，公司的发展和师哥给自己的承诺都没有达到预期,但他也知道创业的不容易,何况自己已经答应留下,再提辞职的话，他觉得这样很不好。

在回答这位读者之前，我先给他分享了我自己的一个故事。曾经有一家图书公司联系我，与我沟通出版图书的事情，我当时很高兴地答应了下来，然后开始思考书的主题和内容，当时完全没有去细想版税、发行和推广的问题。

一个朋友知道这件事情后问我这些问题，这时我才想起来，当时并没有认真考虑这些问题。于是，我与那家图书公司又沟通了一下，但我的心里也开始矛盾起来，一方面希望作品将来可以有更多的展示，我也可以有更好的收益；另一方面又考虑到对方的诚意，何况我已经答应了合作，实在不好意思告诉对方因为不满意条件而退出合作。

这件事情之后，我开始重新觉察自己，为什么当时不能直接拒绝或是和对方针对合作条件重新协商？思考之后，我得出结论——我希望利益可以最大化，但我当时为什么没有直接提出来呢？因为当时的我觉得既然已经答应了合作，出尔反尔是不应该的。可换个角度来看，当时我和图书公司之间还没有签合同，只是确认了合作意向，难道我的意向比合同还具备效力吗？

之所以会有这样的纠结就是因为在我的意识里，我真的把合作意向看得比合同还重要。在意识层面，我觉得应该做到自己所说的，即便合作的条件没有达到预期，我也应该按照当初的想法继续合作。其实，这是另一种层面的自恋。不过，当我意识到这一点的时候，就放下了自己的自恋，坦诚地和对方说出了我的想法。我们对自己说出的话，有时候过于看重了，这又是为什么呢？

我接触过这样一位来访者，她在公司里会包揽很多工作，哪怕是不属于她的、超出她的工作范畴的工作，她都会揽在自己手里，加班对她来说更是家常便饭。同事请她帮忙，哪怕她手里的工作没处理完，她都会答应下来；逛街的时候遇到推销商品的人，即使她不怎么会用到，她也会买下来。她为此感到痛苦，却停不下来，她来咨询就是想知道自己为什么没办法拒绝别人。

在咨询过程中，随着对她有更多的了解，我发现她的不拒绝是因为她渴望自己是一个有价值、对别人有用的人。因为这个原因，她面对别人的请求，哪怕是街上的推销员时，都会忍不住答应对方。在她的意识里，她希望通过这样的行为讨好对方，讨好这些关系。但在这种讨好的过程中，她慢慢失去了自我，又让她觉得自己很委屈，由此产生了矛盾。

因为不能用坚定的方式表达拒绝，于是她会用委屈的方式表达情绪，也因为这样，她会有强烈的不情愿的感觉，然后自我攻击，在心里产生冲突和矛盾。在这些问题的背后，很多时候会追溯到一个人的童年。如果一个人在童年时期没有得到父母足够的爱和关注，就会容易执着于"付出越多越会得到重视"的想法。不能拒绝别人的人，是因为他们会觉得如果自己拒绝了别人，就不会被人重视了，也毁了这段关系。

我们害怕自己在人际关系中被忽视、被拒绝或者被排斥，所以有时候会用一些方式证明自己的重要，以此缓解自身在关系中的焦虑。我们的认知一直停留在同样的阶段，所以在面对各种人际关系时，只会不断重复我们的心理模式。那么，这种情况要怎么改变呢？丘吉尔的故事或许能为我们带来一些思考。

第二次世界大战期间，丘吉尔在面对德国的侵略时，留下了一段鼓舞人心的演讲，让英国人民坚定了战斗到底的决心和意志。而在那段演讲之前，国内的议和压力与局势的危机，让丘吉尔的内心处在矛盾与冲突之中。最终，他选择了绝不投降。这是一段真实的历史，在电影《至暗时刻》中有所展现。电影中有一段对话耐人寻味，丘吉尔在演讲之后，有人问他："你怎么总是变来变去？"丘吉尔说："不懂得改变主意的人，什么也改变不了！"

一个身居高位的首相都可以改变主意，我们更没有必要因为种种原因来限制自己的人生。想要改变自己，首先要明确的是，我们可以改变自己的主意。你已经不再是那个小孩子了，不需要为别人过度付出而获得别人的好感，你的价值也不是在别人的眼里才可以有所体现。同时，放弃意识里的自恋，你并不会毁了哪一段关系，如果是因为自己拒绝别人就使得一段关系结束，那这段关系本身也失去了发展的可能性，你值得拥有更好的关系。

人能拥有的最强力量来自豁出去的决心。与其忍受内心的不快，何不用自己的力量去做出改变，让自己活得轻松一些。生命是由每个当下所构成的，而每个当下会影响我们的生活是否美好。所以，当你为自己感到痛苦的时候，要学会觉察自己，找到背后的原因，然后作出想要的改变。

真正的生活，无论什么时候开始都不会太晚。

从今天开始，做个"难以相处"的人

"朋友都说我的性格很好，可我却觉得很孤独；我不会拒绝别人，我觉得自己好软弱；有时候，我觉得很委屈，可是我嘴上却说没关系。"这是我的一位朋友的内心独白，也是很多人的。

看过一部名为《态度娃娃》的短片，翻译成中文就是态度娃娃的意思。故事的女主角叫艾利，她是别人眼中的好孩子，总是在笑，即使遇到了委屈和难过的事，她也会努力地挤出微笑，这慢慢变成一种习惯。某一天，她的脸变成像玩具娃娃一样僵硬的面具脸，一敲就会碎。她问自己的朋友有没有发现自己的异样，但没有人看出她的脸有什么变化。

艾利回忆起小时候，心爱的鱼缸被弟弟的足球打碎，看着死去的鱼儿，艾利很难过，但她还是回过头对弟弟说："没关系的，真的没事。"她也对自己说："只要发自内心地笑，没有解决不了的问题。"

我们从小接受的教育就是要与人为善，不要给别人添麻烦。这些当然不是问题，问题在于你是否因此隔离或压抑了自己真实的情感，你是否把这些当成面具并活成别人眼中的自己。

许多人都有这种体验，无论在什么关系里，会一直捕捉别人的感受，然后自动去迎合对方，讨得对方高兴，似乎这样就可以得到别人对自己的认可。事实上，这不仅得不到认可，还会让自己的真实存在逐渐淹没在一种空虚之中。空虚是因为这些关系没有得到情感的滋养，也是因为你在压抑自己的真实。你对别人的讨好并没有达到自己对于关系的预期，也因此失去了建立新的关系的机会。所以，有的人会有这种感觉——朋友都说你的性格很好，可你却感到很孤独。

关于讨好，让我想到一部电影——《被嫌弃的松子的一生》。在这部电影中，我相信很多人会看到自己成长的影子。松子的妹妹从小体弱多病，父母把更多的爱和关注给了妹妹，尤其是她的父亲。松子对于得到爱，表现得渴望而无奈，她一直试图让父亲看见自己，却一直受挫，直到很偶然的一次做鬼脸，松子得到了父亲的一个微笑。因为这个微笑，松子一次又一次地做着鬼脸，每一次都是因为别人，每一次也都是讨好。

太宰治在《人间失格》里写道："我想到一个办法，就是用滑稽的言行讨好别人，那是我对人类最后的求爱。我对人类极度恐惧，却无论如何也无法对人类死心。于是，我靠滑稽这条细线维系着与人类的联系。表面上，我总是笑脸迎人，可心里头确实拼死拼活，以高难度的动作，汗流浃背地为人类提供最周详的服务。而且，无论我被家人怎样责怪，也从不还嘴。哪怕只是戏言，于我也如晴天霹雳，令我为之疯狂，哪里还谈得上还嘴。只要被人批评，我就觉得对方说得一点都没错，是我自己的想法有误。因此，我总是黯然接受外界的攻击，内心却承受着疯狂的恐惧。"

讨好，只为不想被抛弃。被抛弃感，甚至让人不敢渴求亲密，转而执着于形式上的被认可。从未被看见，存在的本身就是羞愧，只要不被抛弃，其他的又有什么关系呢？这是很多人自己都没有意识到的，也是这类人，经常会说"没关系"。一个把"没关系"三个字经常挂在嘴边的人，内心早已满是伤口。

因为害怕被抛弃，所以面对可能出现冲突的时候，他们会戴上面具。很多人的好相处，是因为害怕敌意与冲突，用委屈自己的方式迁就别人，或是用不拒绝来获得他人的不抛弃。明明很生气，却说没关系；明明很委屈，却说我没事。我们不但骗了别人，也骗了自己。我们用各种机制来防御自己的情感，太在意别人而忽略了自己的感受。

活成了玩具娃娃的艾利,正是因为隔离了情感的流动，所以脸就僵住了，面具逐渐也成了身体的一部分。然而，当我们把真我隐去，用面具来对世界的时候，真我看似躲避了被抛弃的危险，但也因此失去了在关系中发生真实联结的机会，而联结才能带来亲密。

我们都在寻求自我存在的价值感。如果年幼的时候，某种方式让我们找到了这种价值感，我们便会容易执着在这个方式上继续寻找。然而，害怕被抛弃的感受如此强烈，以致我们认为只有讨好别人这一种方式。这种方式就像是救命稻草一样，我们紧抓不放，甚至认为这就是唯一的办法。

如果你不能表达那些所谓的消极情感，越是忽略自己去当别人眼里的好人，你的人际关系越会变得不真实。你会被看成是平面的、可有可无的人，因为你的生命不是立体的，而是无足轻重的存在，对于别人而言没有任何关系。

缤纷世界显出的美丽，是因为没有分开色彩的丰富多样；自由鲜活的人生，是因为没有压抑情绪的喜怒哀乐。不要伪装成一个没有爱恨情仇的人，也不要戴上什么都没关系的面具。愤怒与开心同样的重要，拒绝与接受同样有意义。如果没有愤怒，别人不会知道是否触及了你的底线；如果不能拒绝，别人不会知道是否突破了你的边界。伪装成没有恨，没有脾气，什么都没关系的人，最后也没有了爱，没有了个性，也没有了自己的存在。

不敢拒绝别人，其实是害怕别人拒绝自己；不敢愤怒，是期待别人可以悦纳自己。然而别人不会为了满足你的期待而活，你也没有义务满足别人的期待。比起在意别人如何看待自己，你更应该关心自己过得如何，因为那是属于你自己的真实人生。

不要被态度娃娃的"完美"所欺骗，人见人爱的是那张面具，不是面具下的脸。你要做的是深入内心，看到曾经的爱与痛，接受最真实的自己。哪怕这个真实"难以相处"，但它是富有弹性的。从今天开始，试着做一个"难以相处"的人，尽情地活在生命的痛快之中。

做人要有底线，愿你能拥有被"讨厌"的勇气。